Nicole Erler:

GIS- und fernerkundungsgestützte Bewertung von „Natural Hazards“ im oberen Einzugsgebiet des Río Yaque del Norte (Dominikanische Republik)

ERDSICHT - EINBLICKE IN GEOGRAPHISCHE UND GEOINFORMATIONSTECHNISCHE ARBEITSWEISEN

Schriftenreihe des Geographischen Instituts der Universität Göttingen, Abteilung Kartographie, GIS und Fernerkundung

Herausgegeben von Prof. Dr. Martin Kappas

ISSN 1614-4716

1 *Claudia Sültmann*
GIS- und Satellitenbildgestützte Landnutzungsklassifikation mit Change detection im Westen der Côte d'Ivoire
ISBN 3-89821-356-0

2 *Katharina Feiden*
GIS - gestützte Analyse der zeitlichen und räumlichen Verteilung der Niederschlagsjahressummen (1961 - 1990) in der Dominikanischen Republik
Charakteristika und Trends
ISBN 3-89821-368-4

3 *Nicole Erler*
GIS- und fernerkundungsgestützte Bewertung von „Natural Hazards" im oberen Einzugsgebiet des Rio Yaque del Norte (Dominikanische Republik)
ISBN 3-89821-409-5

Nicole Erler

GIS- UND FERNERKUNDUNGSGESTÜTZTE BEWERTUNG VON “NATURAL HAZARDS” IM OBEREN EINZUGSGEBIET DES RIO YAQUE DEL NORTE (DOMINIKANISCHE REPUBLIK)

ibidem-Verlag
Stuttgart

Bibliografische Information Der Deutschen Bibliothek

Die Deutsche Bibliothek verzeichnet diese Publikation in der Deutschen Nationalbibliografie; detaillierte bibliografische Daten sind im Internet über <http://dnb.ddb.de> abrufbar.

∞

Gedruckt auf alterungsbeständigem, säurefreien Papier
Printed on acid-free paper

ISSN: 1614-4716

ISBN: 3-89821-409-5

Printed in Germany

Vorwort des Herausgebers

Die Reihe „Erdsicht – Einblicke in geographische und geoinformationstechnische Arbeitsweisen“ soll Forschungsergebnisse und Arbeiten im Bereich der Erdsystemforschung vorstellen. Die Betrachtung der Erde als System ist als Inhalt heutiger und zukünftiger geowissenschaftlicher Gemeinschaftsforschung dringend gefordert. Die Herausforderungen liegen zum einen in der Erforschung der grundlegenden Erdsystemprozesse sowie in der Erforschung der vielfältigen Interaktionen zwischen den verschiedenen Teilbereichen des Systems Erde. Hierzu zählen Wechselwirkungen zwischen fester Erde und Atmosphäre, zwischen der Landoberfläche und der Hydrosphäre oder zwischen Biosphäre, Hydrosphäre und Atmosphäre. Der Mensch steht dabei mit seinen zentralen Nutzungsansprüchen (Ernährung – agrare Landnutzung – Ressourcennutzung) im Mittelpunkt eines vielfach vernetzten Erdsystems. Der Mensch verändert Landschaften und Atmosphäre und greift somit in alle Skalenbereiche des Erdsystems ein. Insofern müssen diese Veränderungen beobachtet und bewertet werden, damit Konzepte für ein nachhaltiges Erdsystemmanagement auf den unterschiedlichen Raum- und Zeitskalen entwickelt werden können. Die neuen Geoinformationstechniken (Geographische Informationssysteme – GIS; luft- und satellitengestützte Fernerkundungssyteme) helfen dabei das System Erde zu beobachten und zu begreifen. Ohne diese Techniken ist eine ganzheitliche Betrachtung der Erde und eine flächenhafte Bereitstellung von Informationen über das Erdsystem nicht möglich.

Die vorliegende Arbeit von Frau Erler entstand am Geographischen Institut der Universität Göttingen in der Abteilung Kartographie, GIS & Fernerkundung (Prof. Dr. M. Kappas) und beschäftigt sich mit dem komplexen Problem von Bergrutschungen in der Dominikanischen Republik. Rutschungen gehören zum großen Komplex der Naturgefahren („Natural Hazards“) und stellen innerhalb der fragilen Landschaftsräume der Tropen ein erhebliches Gefährdungspotential für die Menschen dar. Darüber hinaus verringern Rutschungen das ökologische Leistungspotential der Landschaft erheblich. Frau Erler erstellt in ihrer Arbeit ein aussagekräftiges GIS-gestütztes Modell zur Bewertung der Rutschungsgefährdung innerhalb eines geschlossenen Wassereinzugsgebiets. Die realen Schäden des Hurricans „George“ (1998) fließen in die Modellberechnung mit ein. Hervorzuheben ist, dass es sich um ein multi-faktorielles Modell handelt, welches durch ein Ranking von Einflussfaktoren die Ausweisung möglicher Rutschungsgebiete zu optimieren versucht.

Martin Kappas

Inhaltsverzeichnis

Abbildungsverzeichnis

Tabellenverzeichnis

Abkürzungsverzeichnis

Allgemeine Abkürzungen:

Abb.	Abbildung
Bd.	Band
BGR	Bundesanstalt für Geowissenschaften und Rohstoffe
BRD	Bundesrepublik Deutschland
bzw.	beziehungsweise
ca.	zirka
CRED	Centre for Research on the Epidemiology of Disasters
DFG	Deutsche Forschungsgemeinschaft
DGF	Dirección General de Foresta
DGM	Digitales Geländemodell
DHM	Digitales Höhenmodell
DNP	Dirección Nacionál de Parques
EGG	Einzugsgebietsgröße
EO	Earth Observation
ERS	European Remote Sensing
ESE	Ostsüdost
ETM	Enhanced Thematic Mapper
etc.	et cetera (und so weiter)
et al.	et altera
FAO	Food and Agriculture Organisation
FAOSTAT	Food and Agriculture Organisation Statistical Databases
fluv.	fluvial
GEO	Global Environment Outlook
ges.	gesamt
Gew.	Gewässer
GIS	Geographisches Informationssystem
GMT	Greenwich Mean Time
GPS	Geographisches Positioniersystem
GRASS	Geographic Resources Analysis Support System
GTZ	Deutsche Gesellschaft für Technische Zusammenarbeit
Häuf.	Häufigkeit
IDNDR	International Decade of Natural Disaster Reduction
INDRHI	Institúto Nacional de Recursos Hidraulicos (República Dominicana)

IFRC	International Federation of Red Cross and Red Crescent Societies
IPCC	Intergovernmental Panel on Climate Change
Jg.	Jahrgang
KNN	Künstliche Neuronale Netze
Kap.	Kapitel
MSI	multispektral
NASA	National Aeronautics and Space Administration
N	Nord
NE	Nordost
NW	Nordwest
NWN	Nordnordwest
PAN	panchromatisch
PROCARYN	Proyecto Cuenca Alta Río Yaque del Norte
PROGRESSIO	Fundación para el Mejoramiento Humano
Proz.	Prozent
RD	República Dominicana
rel.	relativ
S.	Seite
SAGA	System for an Automated Geo-Scientific Analysis
SE	Südost
SI	Stabilitätsindex
Siedl.	Siedlung
sog.	sogenannt
SRTM	Shuttle Radar Topography Mission
TIN	Triangulated Irregular Network
TK 50	Topographische Karte 1:50000
u.ä.	und ähnliche
ü. NN	über Normalnull
UCU	Unique Condition Unit
UG	Untersuchungsgebiet
UNCCD	United Nations Convention to Combat Desertification
UNDP	United Nations Development Programme
UNEP	United Nations Environment Programme
UNESCO	United Nations Educational, Scientific and Cultural Organisation
URL	Uniform Resource Locator
USGS	United States Geological Survey

US$	United States Dollar
UTM	Universal Transverse Mercator
vgl.	vergleiche
Vol.	Volume
WGS 84	World Geodetic System 1984
z.B.	zum Beispiel

Geologische und pedologische Einheiten:

Ls4	stark sandiger Lehm
Lt2	schwach toniger Lehm
Lt3	mittel toniger Lehm
Lu	schluffiger Lehm
magmat. Gest.	magmatisches Gestein
metamorph. Gest.	metamorphes Gestein
Sl2	schwach lehmiger Sand
Sl3	mittel lehmiger Sand
Sl4	stark lehmiger Sand
Su3	mittel schluffiger Sand
Tu3	mittel schluffiger Ton
Uls	sandig lehmiger Schluff
Us	sandiger Schluff
Ut2	mittel toniger Schluff
ultramaf. Gest.	ultramafisches Gestein

Physikalische Einheiten und mathematische Symbole:

cos	Cosinus
g	Fallbeschleunigung
GWH	Gigawatt Stunde
ha	Hektar
K	Schwerkraft
km^2	Quadratkilometer
km/h	Kilometer pro Stunde
Kn	Druckkraft
Ks	Schwerkraft
M	Masse
m	Meter

ml	Milliliter
m/s^2	Meter pro Quadratsekunde
Mio.	Million
mm	Millimeter
Mrd.	Milliarde
R	Anzahl der Rutschungspolygone einer bestimmten Klasse
RH	Relative Häufigkeit
RZ	Anzahl der Rasterzellen einer bestimmten Klasse
sin	Sinus
x	mal
µm	Mikrometer
α	Hangneigung
τ	Scherspannung oder Schubspannung
σ	Druckspannung oder Normalspannung
°	Grad
°C	Grad Zelsius
%	Prozent
&	und
=	gleich
>	größer
<	kleiner
≥	größer gleich
+/-	plus-minus
′	geographische Minuten
′′	geographische Sekunden

1 Einführung

1.1 Problemstellung und Zielsetzung der Arbeit

Im karibischen Raum hat das Zusammenspiel vielfältiger endogener und exogener Ursachen gravierende ökologische Umwandlungsprozesse in Gang gesetzt. Gemeint sind die ungleiche Verteilung von Macht und Reichtum sowie eine auf einen außenabhängigen Wachstumsprozess hin orientierte wirtschaftliche Entwicklung, welche sich unter anderem im großflächigen Kahlschlag der Wälder mit Folgeschäden wie Artenschwund, Bodenerosion, abnehmende Bodenfruchtbarkeit und schließlich der Degradierung der Böden ausdrückt. Die Dominikanische Republik ist in weiten Landesteilen akut von fortschreitenden Entwaldungsprozessen betroffen (Abb. 1) (ULBERT 1999).

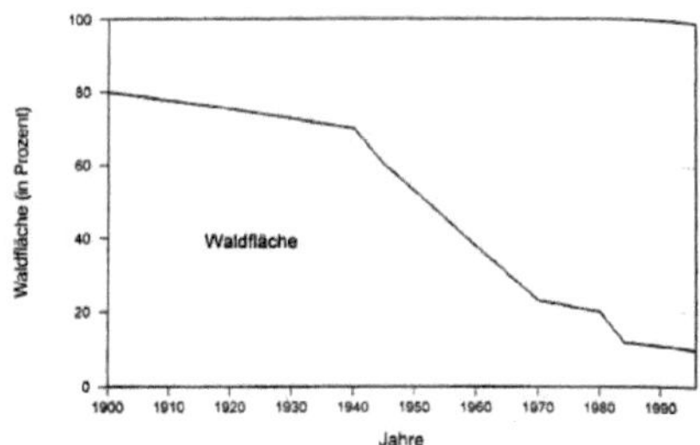

Abb. 1: Abnahme der Waldfläche in der Dominikanischen Republik in Prozent in den Jahren 1900-2000 (ULBERT 1999:108)

Etwa die Hälfte der Landesfläche ist wegen der steilen Hangneigung bzw. der flachgründigen Böden nur für die forstliche Nutzung geeignet, wobei sowohl Schutz- als auch Nutzwälder eingeschlossen sind. Tatsächlich liegt der Bewaldungsgrad jedoch bei ca. 10-15 %, so dass die Erhaltung der restlichen Bergwaldreste von größter Bedeutung ist (MAY 1997).

Für die Degradierung der Bergwälder ist zu einem großen Teil das Vordringen des landwirtschaftlichen Anbaus in die Gebirge verantwortlich. Zu den anthropogen hervorgerufenen Störgrößen wie Holznutzung, Brände und Neulanderschließung kommen auch natürliche hinzu.

Im September 1998 führte Hurrikan „Georges“ bei Windgeschwindigkeiten von mehr als 200 km/h und einem Tagesniederschlagsmaximum von 300 mm am 22.9. zu extremen Abflussereignissen und damit zu schweren Schäden im Hoch- und Tiefland der Dominikanischen Republik. Die Bergwälder spielen bei solchen Starkregenereignissen eine entscheidende Rolle für die Rückhaltung des Wasserabflusses und damit für die Verminderung von Bodenerosion und Rutschungsgefahr (KAPPAS 1999).

Seit 1967 erlaubt das Forstgesetz keinen Einschlag mehr. Das hat auch zur Folge, dass Großgrundbesitzer keine Motivation haben aufzuforsten. Wenn die Vegetation auf einer Brachfläche 1-2 m Höhe erreicht, verliert der Besitzer das Recht die Fläche zu roden, um sie zu landwirtschaftlichen Zwecken zu nutzen. (VICIOSO 2002).

Der Gesetzgeber wirkt durch die negative Gesetzesformulierung somit dem benötigten Aufforsten zur Deckung des Energiebedarfs, zur Verminderung von Bodenerosion und zur Stabilisierung des Wasserkreislaufes entgegen. Die nachhaltige Bewirtschaftung der Dominikanischen Republik ist kein technisches Problem, sondern ein gesellschaftliches. Damit liegt die Lösung der Probleme weitgehend in politischer Hand, wobei auch die Industrieländer aufgefordert sind, durch eine gerechte Handelspolitik und aktive Maßnahmen zur Entschuldung der Entwicklungsländer mitzuwirken (WEISE 1991).

Im Rahmen dieser Studie soll für das obere Einzugsgebiet des Rio Yaque del Norte die potentielle Gefahr von Hangrutschungsprozessen abgeschätzt werden. Ziel ist die Erstellung einer Gefahrenzonenkarte, die für das Untersuchungsgebiet anhand von drei Gefahrenklassen (schwach, mittel, stark) die potentielle Hangrutschungsdisposition darstellt.

Die Bewertung der Gefahr in qualitativen Stufen wird von der relativen Häufigkeit des Auftretens von Rutschungen in festgelegten Klassen der digital vorliegenden Einflussfaktoren Hangneigung, Einzugsgebietsgröße (EGG) und Landnutzung abgeleitet. Mit Hilfe eines Geoinformationssystems (GIS) werden die Daten zur Erstellung der Gefahrenzonenkarte miteinander verschnitten. Die Analyse soll für zwei Digitale Geländemodelle (DGM) im Vergleich erfolgen, um einen Eindruck zu gewinnen, wie stark das Endergebnis von dem Höhendatensatz abhängt. Zur Verfügung stehen dafür zum einen das DGM des Institúto Cartográfico Militar (República Dominicana), welches aus Höhenlinien Topographischer Karten im Maßstab 1:50000 abgeleitet wurde. Zum anderen wird das DGM der Shuttle Radar Topography Mission (SRTM) im Jahr 2000 verwendet.

Die folgenden Fragen sollen in der vorliegenden Studie erörtert werden:

- Welche Gebiete im Untersuchungsgebiet sind mehr, welche sind weniger rutschungsgefährdet?
- Welche Faktoren haben einen größeren oder kleineren Einfluss auf die Rutschungsgefährdung?
- Wie kann die Gefährdung in den besonders bedrohten Gebieten vermindert werden?
- Wie gut sagt das Modell die Rutschungsanfälligkeit im Untersuchungsgebiet voraus?
- Wie unterscheiden sich die gewonnenen Ergebnisse aus den beiden DGM?

1.2 Motivation

Rutschungen entstehen im Zusammenspiel mehrerer Faktoren. Dabei können sowohl tektonische Prozesse wie auch hohe Niederschläge die Hauptursache sein. Die Dominikanische Republik wird aufgrund tropischer Zyklone und anderer klimatischer Prozesse häufig von Starkniederschlägen aufgesucht. Die dadurch ausgelösten Hangrutschungen (Abb. 2) bewirken innerhalb kürzester Zeiträume die irreversible, großflächige Degradation von Böden, wodurch mehr und mehr die Lebensgrundlage der dominikanischen Bevölkerung zerstört wird.

Abb. 2: Region um La Sal, eine Woche nach dem Durchzug des Hurrikan „Georges“ (September 1998) (Foto freundlicherweise zur Verfügung gestellt von Ramon Elias Castillo)

Der Eintrag des Bodenmaterials in die Gewässer wirkt sich dabei negativ auf die Gewässerbeschaffenheit aus. Die Schwebstoffe im Fluss führen zur Trübung des Gewässers, welche eine Verminderung des Lichteinfalls bewirkt und eine Absenkung der Photosyntheseleistung verursacht. Außerdem kann es zum Eintrag von Umweltschadstoffen (Pestizide, Herbizide und Dünger) kommen, welche in die Nahrungskette gelangen. Weiterhin kann die Verschlammung der Flüsse eine Verminderung der Durchströmung des Sediments und damit eine Anreicherung von Stoffwechselprodukten der Organismen, Sauerstoffmangel und Faulschlammbildung bewirken (SYMANDER 1998).

Gewaltige Kosten entstehen, da mit Erosionsmaterial angefüllte Staubecken schneller als erwartet ausgebaggert werden müssen, die Reservefunktion der Trinkwasserspeicher verringert sich. Gleichzeitig können Bewässerungsflächen nicht zuverlässig beliefert werden, und damit ist an die Ausweitung des Bewässerungslandbaus in manchen Regionen nicht zu denken (WEISE 1991).

Neben den auftretenden Störungen in den einzelnen Teilökosystemen können jedoch beim Auftreten von Hangrutschungen - durch den Prozess der Massenverlagerung - auch direkt Menschenleben gefährdet sowie durch die Zerstörung von Häusern, Wegen, Brücken usw. ihr Lebensraum bedroht werden.

Dies gab die Motivation zur Bearbeitung des ausgewählten Themas. Die Gefahrenzonenkarte soll eine Basis für die Planung nachhaltiger Landnutzung und eventueller Wiederaufforstungsmaßnahmen für besonders gefährdete Gebiete bieten. Damit soll die Grundlage zur Verminderung von zukünftigen ökologischen, materiellen und sozialen Schäden gegeben werden.

An dieser Stelle muss jedoch nochmals erwähnt werden, dass Wiederaufforstungsmaßnahmen nicht die Endlösung der Problematik darstellen, da einem großen Teil der dominikanischen Bevölkerung immer noch kein alternativer Ausweg geboten wird, sich eine sichere Lebensgrundlage zu erschaffen. Die nachhaltige Entwicklung muss das Endziel bleiben, um die natürlichen Lebensgrundlagen für die gegenwärtigen und zukünftigen Generationen dauerhaft zu erhalten. Sie umfasst dabei die Erfüllung ökologischer, wirtschaftlicher und sozialer Teilziele, welche ohne eine maßgebliche Unterstützung des Staates nicht zu erfüllen sind.

1.3 Stand der Naturgefahren- und Katastrophenforschung

Die Forschung über Naturgefahren (natural hazards) betrachtet spezielle Interaktionen im Mensch-Umwelt-System. Neben Kenntnissen der natürlichen Prozesse selbst sind Frequenz und Magnitude des Ereignisses ebenso wie die Einwirkung auf Raum, Gesellschaft und Individuum wichtige Parameter. Die Hazardforschung hat einen starken Anwendungsbezug, da durch extreme Naturereignisse weltweit immer größere Schäden hervorgerufen werden. Unterschieden werden Naturgefahren, die im Zusammenhang mit der Erdkruste (Erdbeben, Tsunami, Vulkane), der Erdoberfläche (Rutschungen, Sackungen, Lawinen) oder aufgrund von Schwankungen der Atmosphäre bzw. des Wasserhaushalts (Dürre, Feuer, Stürme, Hochwasser, Hurrikane u.ä.) auftreten (POHL & GEIPEL 2002).

Die Nachwirkungen beeinflussen insbesondere in ärmeren Ländern Volkswirtschaft und Gesellschaft nachhaltig. Die Mitverantwortung der Industrieländer für die wachsende Katastrophenanfälligkeit der Entwicklungsländer durch ungerechte Weltwirtschaftsstrukturen sowie durch großräumige Umweltbelastungen darf hierbei nicht übersehen werden. Da die Armut in den Entwicklungsländern ständig wächst, müssen mehr und mehr Menschen ihren Lebensunterhalt auf Kosten der Umwelt sichern. Eine Katastrophenvorsorge auf der Ebene der ökologischen Nachhaltigkeit ist also wesentlich durch eine Veränderung der Sozialstrukturen zu bewirken (PLATE & MERZ 2001).

Extreme Naturereignisse werden zu Katastrophen, wenn Menschen direkt oder indirekt betroffen sind. Laut den Vereinten Nationen (1992) ist eine Katastrophe "die Unterbrechung der Funktionsfähigkeit einer Gesellschaft, die Verluste an Menschenleben, Sachwerten und Umweltgütern verursacht und die Fähigkeit der betroffenen Gesellschaft aus eigener Kraft damit fertig zu werden, übersteigt".

Viele Analysen beschreiben die signifikante Zunahme von Naturkatastrophen im Laufe der letzten Jahrzehnte (Abb. 3). Eine Vielzahl lokal begrenzter Katastrophen wurden dabei noch nicht einmal statistisch erfasst. Noch stärker als die Häufigkeit ist jedoch das Ausmaß der entstandenen materiellen Schäden (Abb. 4) und der Verlust an Menschenleben gestiegen (Abb. 5) (GTZ 2001).

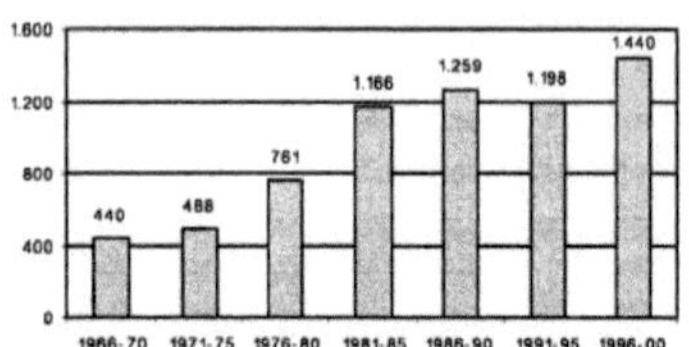

Abb. 3: Anzahl der Naturkatastrophen weltweit von 1966-2000 (CRED)

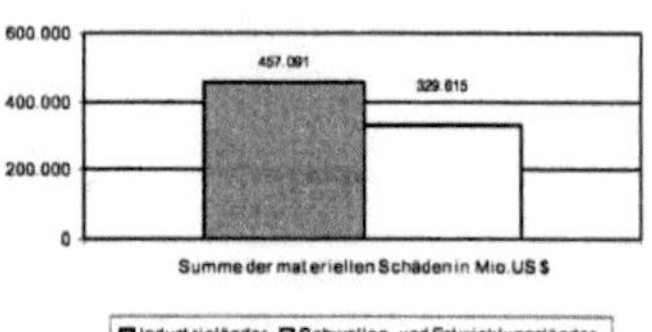

Abb. 4: Materielle Schäden in Industrie- Schwellen- und Entwicklungsländern von 1991-2000 (IFRC, World Disaster Report 2001)

Je nach geographischer Lage, den kulturellen und sozialen Strukturen und in Abhängigkeit von der Wirtschaftskraft, ist das Problem der Katastrophenvorsorge in jeder Region anders zu lösen. Die abzuleitenden Vorsorgestrategien einzelner Regionen werden die Ursachen von Naturkatastrophen kaum verhindern, jedoch können sie das Ausmaß einer Katastrophe im Vorfeld vermindern. Vom Standpunkt einer nachhaltigen Entwicklung hat die Katastrophenvorsorge für jedes Land zum Ziel, das Restrisiko auf eine Größe zu reduzieren, die von der Gesellschaft verkraftbar ist (PLATE & MERZ 2001).

Die Analyse sowie die kartographische Darstellung von geographischen Informationen ist ein wichtiger Beitrag, die negativen Auswirkungen von Naturgefahren auf unseren Lebensraum zu vermindern (CUTTER 2001). Erste Schritte zur Katastrophenvorsorge stellen deshalb die Risikoanalyse bzw. die Gefährdungsermittlung dar. Durch eine angepasste Landnutzung kann ein wichtiger Beitrag zum Schutz vor Katastrophen geleistet werden, daher sollten Gefahren- und Risikokarten zum Bestandteil raumplanerischer Entscheidungsgrundlagen werden. Großräumig werden die Gefahren seit einiger Zeit durch die Münchner Rückversicherungsgesellschaft für die gesamte Welt kartiert. In der Weltkarte der Naturgefahren sind Zonen besonderer Gefahren durch die verschiedenen Arten der Naturereignisse ausgewiesen (PLATE & MERZ 2001).

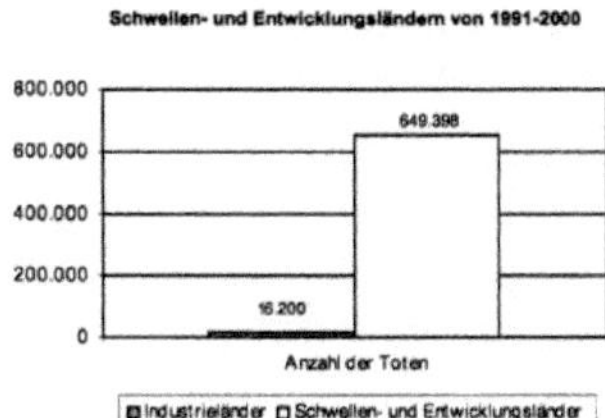

Abb. 5: Verluste an Menschenleben in Industrie-, Schwellen- und Entwicklungsländern von 1991- 2000 (IFRC, World Disaster Report 2001)

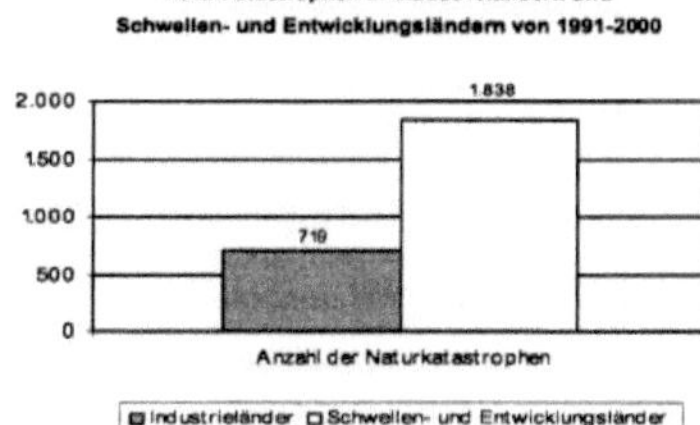

Abb. 6: Naturkatastrophen in Industrie-, Schwellen-und Entwicklungsländern von 1991-2000 (IFRC, World Disaster Report 2001)

Entwicklungsländer sind wegen ihrer geographischen Lage besonders häufig von Naturgefahren betroffen (Abb. 6). Stürme, starke Regenfälle und Hangrutschungen treten in den subtropischen und tropischen Regionen häufiger auf und sind gravierender (GTZ 2001).

Die Degradation landwirtschaftlicher Nutzflächen stellt dabei ein großes Problem dar, da ein Verlust der Ressource Boden die dort ohnehin unsichere Ernährungssituation weiter Bevölkerungsteile zusätzlich gefährdet (MORGENROTH 1999). Ein Rückblick auf die Entwicklung der Nahrungsmittelproduktion seit 1972 lässt einen wachsenden Druck auf den bewirtschaftbaren Boden erkennen. Im Vergleich zu 1972 ist der Bedarf an Nahrungsmitteln im Jahr 2002 für 2,22 Mrd. Menschen mehr zu decken (GLOBAL ENVIRONMENT OUTLOOK 2003).

In den Karibischen Staaten haben sich von 1972-1999 die Acker- und Weidelandflächen um 32 % bzw. 1,8 Mio. ha vergrößert (FAOSTAT). Die Probleme der Bodendegradation werden auf regionaler, nationaler und internationaler Ebene seit mehreren Dekaden diskutiert. Es wurde beispielsweise von dem Sekretariat der United Nations Convention to Combat Desertification (UNCCD) in Zusammenarbeit mit dem United Nations Environment Programme (UNEP) und der Regierung von Mexiko eine Regionale Koordinationseinheit für Lateinamerika und die Karibischen Staaten zur Organisation und Koordination von nationalen Aktionsprogrammen geschaffen. Dies führte in einigen Staaten zur Entwicklung ähnlicher Programme (z.B. von Monitoringsystemen) (GLOBAL ENVIRONMENT OUTLOOK 2002).

Für die immer größeren Schäden ist einerseits die dichte Besiedlung und Industrialisierung hochexponierter Regionen verantwortlich. Andererseits bewirkt die Anfälligkeit der modernen Gesellschaft und ihrer Technologien eine Zunahme der Vulnerabilität der Menschheit. Gleichzeitig haben sich die Indizien verstärkt, dass der sich abzeichnende Klimawandel einen Einfluss auf die Häufigkeit und Intensität von atmosphärischen Extremereignissen gewinnt. Im dritten Statusbericht des Intergovernmental Panel on Climate Change (IPCC 2001) wird dem eine Bedeutung zugemessen. Selbst wenn die wissenschaftliche Absicherung dieses Zusammenhangs noch aussteht, müssen Wirtschaft und Politik nach dem Vorsorgeprinzip eine weitere Verschärfung der Katastrophenszenarien als Folge der erwarteten Klimaveränderungen in ihre Überlegungen und Handlungen einbeziehen (BERZ 2002).

Mit der Internationalen Dekade zur Verminderung von Naturgefahren (International Decade of Natural Disaster Reduction, IDNDR) von 1991 bis 2000 bekam die Wissenschaft bezüglich der Thematik der Naturgefahren politischen Rückenwind. Die Vereinten Nationen hatten zu einem verstärkten Kampf gegen Extremereignisse aufgerufen, so dass in vielen Teilen der Welt nationale Komitees gebildet wurden (so auch das deutsche IDNDR-Komitee) (POHL & GEIPEL 2002).

Im Rahmen der IDNDR wurde von 1991 – 2000 das von der International Geotechnical Society UNESCO Working Party on World Landslide Inventory entwickelte Konzept zur systematischen Sammlung und weltweit verfügbarer Daten über Rutschungen weitergeführt (BROWN & CRUDEN & DENISON 1991).

Die stärkere Beachtung der Naturgefahren und –risiken im Entwicklungszusammenhang findet Ausdruck im Bestreben des United Nations Development Programme (UNDP) in Zukunft jährlich einen so genannten World Vulnerability Report heraus zu geben. Dabei soll, ähnlich wie im Human Development Report, die Entwicklung der Verletzlichkeit der Staaten und die Anstrengung Naturgefahren und Naturrisiken zu reduzieren anhand von aussagekräftigen Indikatoren dargestellt werden. Im Zusammenhang mit der Leitidee der nachhaltigen oder zukunftsfähigen Entwicklung der Rio-Konferenz 1992 hat eine integrative Sichtweise an Boden gewonnen und Naturgefahren bzw. Naturrisiken werden nun weniger als plötzliche und unerwartete Extremereignisse angesehen, sondern in einen größeren ökologischen Zusammenhang gestellt. Ebenso wird diese Problematik immer stärker in der Entwicklungspolitik beachtet, man möchte von einer „culture of reaction“ zu einer „culture of prevention“ übergehen (POHL & GEIPEL 2002).

2 Untersuchungsgebiet

2.1 Geographische Lage

Das Untersuchungsgebiet der vorliegenden Arbeit liegt im nordwestlichen Teil der Dominikanischen Republik (Abb. 7), welche mit einer Bevölkerungszahl von 8,5 Mio. Menschen (STATISTISCHES BUNDESAMT DEUTSCHLAND 2001) und einer Gesamtgröße von 48.442 km² den östlichen Teil der Insel Hispañola im Karibischen Raum einnimmt (BOLAY 1997).

Das Untersuchungsgebiet erstreckt sich innerhalb der nördlichen Abdachung der Cordillera Central zwischen 18°55´ und 19°17´nördlicher Länge und 70°31´ bis 70°50´ westlicher Breite etwas über die Grenzen des 750 km² großen oberen Teileinzugsgebiet des Rio Yaque del Norte hinaus.

Im Norden wird das Gebiet durch den Stausee Taveras, im Süden von den Einzugsgebieten der Flüsse Rio Grande, Las Cuevas und Yaque del Sur, im Osten durch das Einzugsgebiet des Rio Camú und im Westen durch das des Rio Guanajama begrenzt (GWB/ GFA-AGRAR 1998).

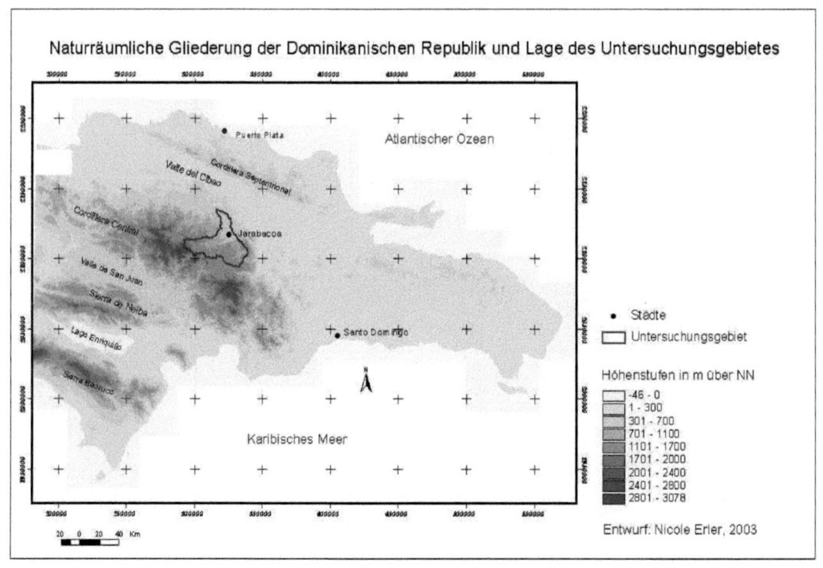

Abb. 7: Naturräumliche Gliederung der Dominikanischen Republik und Lage des Untersuchungsgebietes (Quelle: TK50-DGM, Institúto Cartográfica Militar, R.D.)

Das Einzugsgebiet des Rio Yaque del Norte stellt mit insgesamt 7053 km² das größte Einzugsgebiet des Landes dar und ist charakterisiert durch ein ausgeprägtes Gewässernetz, das sich durch bergige, humide Regionen im Süden und eine eher aride Zone im Nordwesten erstreckt (VICIOSO 2002). Bis zum Stausee, der das Untersuchungsgebiet flussabwärts begrenzt, fließen über 200 Flüsse aus den Teileinzugsgebieten zusammen. Der Rio Yaque del Norte selbst hat seine Quelle nahe des Loma de Rucilla (3029 m ü. NN) im Parque Nacionál Armando Bermúdez und mündet in der Bucht von Manzanillo nahe Monte Christi in den Atlantik. Bis dorthin erstreckt er sich über 296 km in nordöstlicher Richtung (GWB/ GFA-AGRAR 1998).

2.2 Naturräumliche und geologische Gliederung

Spätkreidezeitliche und tertiäre Faltenzüge bestimmen die innere Struktur der Gebirge der Dominikanischen Republik, sie streichen überwiegend diagonal zur morphologischen Achse der Insel. Nach einer vermutlich miozänen bis pliozänen Zeit der Rumpfflächenbildung, sind diese an jungen, pliozänen bis pleistozänen Brüchen herausgehoben worden. Die zwischen den Gebirgszügen liegenden Gräben wurden im Jungtertiär als Sedimentationströge angelegt (WEYL 1966) (Abb. 8).

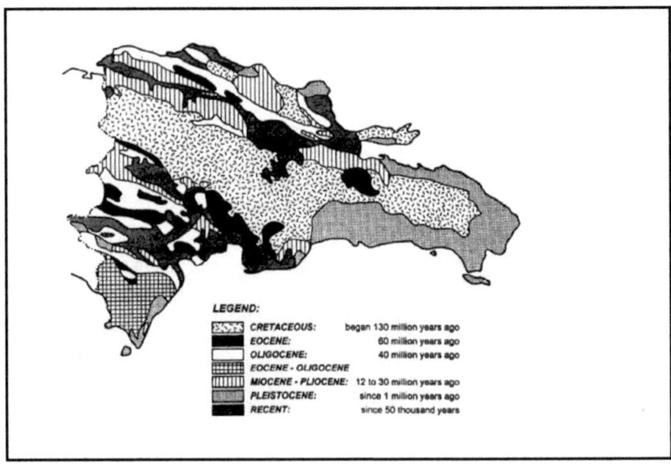

Abb. 8: Zeiträume der Entstehung der geologischen Einheiten der DominikanischenRepublik (BOLAY 1997:55)

Im Holozän wurden die Grabenbrüche mit Lockersedimenten gefüllt, die von Flüssen in die Täler geschwemmt wurden. In den tieferen Senken finden sich auch marine Sedimente, die im Stillwasserbereich von Buchten und Meeresarmen abgelagert wurden.

Die westlich gelegenen Gebirge der Dominikanischen Republik verlaufen in NWN-ESE Richtung. Dazu gehören die Cordillera Septentrional, die Cordillera Central, die Sierra de Neiba und die Sierra de Baoruco, welche die Fortsetzung der nordamerikanischen Kordilleren darstellen, die in Zentralamerika nach Osten umbiegend in die Großen Antillen hineinstreben. Im Osten gehen Cordillera Septentrional und Cordillera Central mit der Sierra de Samaná und Cordillera Oriental in einen nordöstlichen Verlauf über (Abb. 7).

Zwischen den Gebirgszügen liegt im Norden das Valle de Cibao, zwischen Cordillera Central und Sierra de Neiba das Valle de San Juan de la Maguana und im Südwesten das Valle del Lago Enriquillo. Das Valle de Azua erstreckt sich im mittleren Süden zwischen der Sierra de Martin Garcia und der Sierra de Bani (Abb. 7)(BOLAY 1997).

Die Strukturen der Cordillera Central sind überwiegend kreidezeitlich bis tertiärisch geprägt. In der Dominikanischen Republik nimmt sie damit eine Sonderstellung ein, da alle anderen Gebirgszüge tertiärer Herkunft sind (WEYL 1966).

Das Untersuchungsgebiet erstreckt sich im östlichen Teil der nördlichen Abdachung der Cordillera Central (Abb. 7). Im westlichen Teil des oberen Einzuggebietes des Rio Yaque del Norte erreicht das Gebiet nahe der Quelle am Loma La Rucilla Höhen von bis zu über 3000 m ü. NN. Nur wenige hundert Meter entfernt findet man auf dem Pico Duarte mit 3175 m ü. NN die höchste Erhebung im gesamten karibischen Raum. Die steilen engen Täler dieser Region machen die tektonische Aktivität und die einschneidenden fluvialen Kräfte der Flüsse sichtbar (GWB/ GFA-AGRAR 1998). In Abb. 9 sind die geologischen Einheiten des Untersuchungsgebietes dargestellt. Südlich des Rio Yaque del Norte, welcher von seiner Quelle aus zunächst in östliche Richtung verläuft, erstreckt sich eine ca. 420 km² große geologische Einheit aus metamorphem Gestein, in der Diorite und Granite überwiegen. Bei beiden handelt es sich um saure Tiefengesteine, wobei der Granit in seinem Gefüge gröber ist, auf ihm entstehen sandige Böden. Aus dem Diorit mit einem feineren Gefüge gehen dagegen eher lehmig-tonige Böden hervor (MAY 2003).

Der mittlere Teil des Untersuchungsgebietes erstreckt sich in einer Berglandschaft mit Höhen um die 1000 m ü. NN. Enge und tiefe Täler wurden durch den Rio Jimenoa und den Rio Las Palmas geschaffen.

In der Region um Jarabacoa verläuft ein wichtiges intramontanes Tal mit Höhen von 500 bis 600 m ü. NN. Dieses um die 25 km² große Gebiet stellt einen wichtigen Agrarraum dar (GWB/ GFA-AGRAR 1998). Entlang des Flusses um die Orte La Ciénaga, Manabao und Jarabacoa sind fluviale Ablagerungen vorzufinden, nördlich des Rio Yaque del Norte erstreckt sich eine ca. 210 km² große geologische Einheit, welche aus magmatischem Gestein und vulkanischen Sedimenten vom Typ Tirea und Duarte aufgebaut ist, örtlich tritt Kontaktmetamorphismus auf. Östlich und westlich von Jarabacoa gelegen findet man weitere Gebiete in denen metamorphes Gestein (Granodiorit) vorherrscht.

Der nördliche Teil des Einzugsgebietes südlich der Presa de Taveras stellt eine eher unregelmäßige Hügellandschaft mit Höhen von 600 bis 900 m ü. NN dar (GWB/ GFA-AGRAR 1998). Es schließt sich eine Einheit metamorphen Gesteins vom Typ Grünschiefer-Fazies an, in die ein Gebiet ultramafischen Gesteins eingeschlossen ist. Südlich der Presa findet man eine Einheit von Konglomeraten, Sandstein, Riffkalken und kalkigen Turbiditen (Typ Tavera) vor.

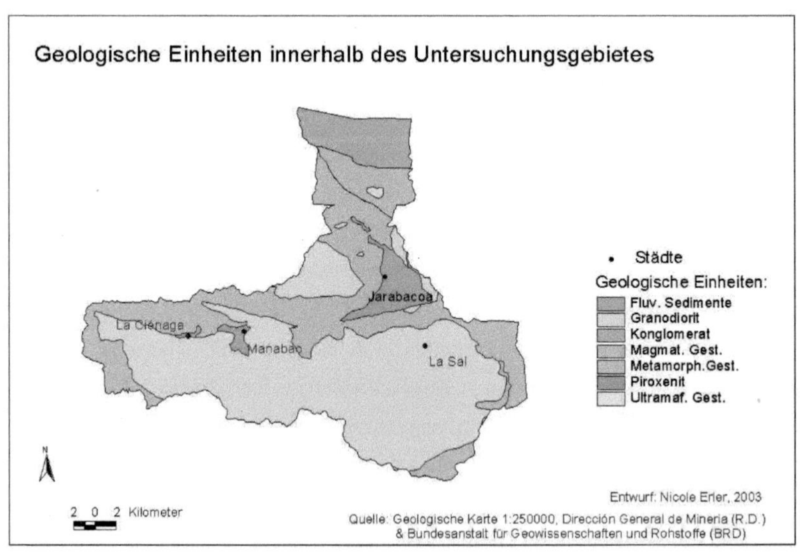

Abb. 9: Geologische Einheiten im Untersuchungsgebiet (Quelle: Geologische Karte der Dominikanischen Republik 1:250000)

2.3 Klima

2.3.1 Tropische Passatzirkulation

Die Dominikanische Republik liegt im Bereich der randlich wechselfeuchten Tropen zwischen 18°-20° nördlicher Breite und 68°-72° westlicher Länge (WEISCHET 1996).

Die Tropen nehmen im Rahmen der planetarischen Luftdruckgürtel in Meeresniveau eine Position zwischen äquatorialer Tiefdruckrinne und dem subtropisch-randtropischen Hochdruckgürtel ein. Es kommt zu einem äquatorwärts gerichtetem Druckgefälle, diesem entspricht in der Höhe der Urpassat, eine hochreichende Ostströmung, die in unteren Troposphärenschichten durch Bodenreibung äquatorwärts abgelenkt wird und so auf der Nordhalbkugel zum NE-Passat und auf der Südhalbkugel zum SE-Passat wird. Diese Ablenkung nimmt mit Annäherung an den Äquator aufgrund der abnehmenden Corioliskraft zu (SCHULTZ 1988). Die Dominikanische Republik liegt somit ganzjährig im Bereich der Passatströmung (Abb. 10).

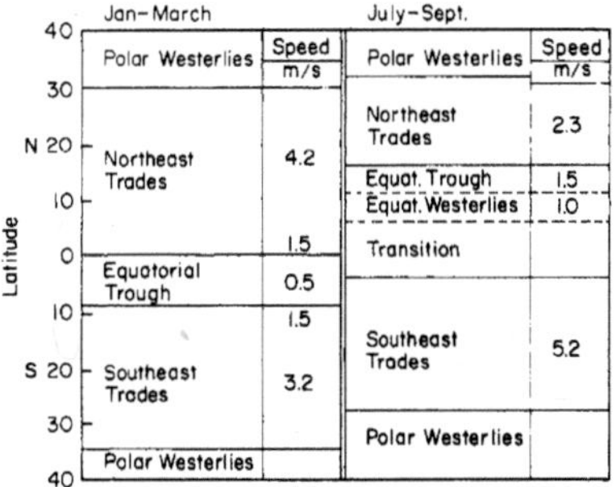

Abb. 10: Geschwindigkeit und geographische Breite der Passate im Winter und im Sommer (RIEHL 1979:9)

2.3.2 Temperatur und Niederschläge

Große räumliche und zeitliche Variabilität der Niederschläge, bei eher geringeren Schwankungen anderer Klimaelemente, wie z.B. der Temperatur, sind charakteristisch für die Tropen (KAPPAS 1999).

Temperatur

Die mittleren jahreszeitlichen Schwankungen der Temperatur sind geringer als die tageszeitlichen, weshalb Westindien kein Jahreszeiten-, sondern ein Tageszeitenklima zugeschrieben wird (BLUME 1968).

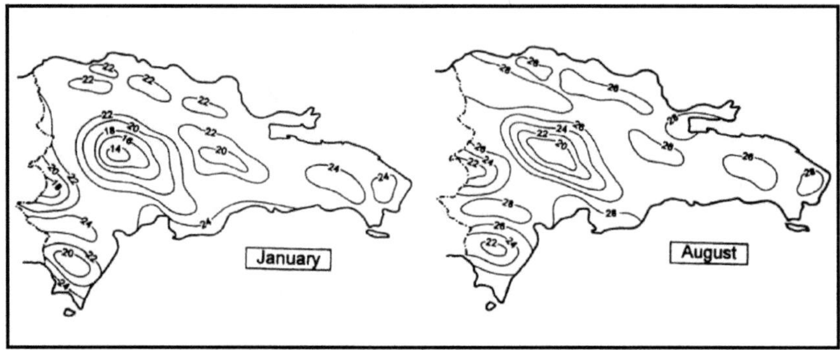

Abb. 11: Durchschnittliche Temperatur in °C in der Dominikanischen Republik für die Monate Januar und August (BOLAY 1997:62)

Abb. 11 zeigt die geringen Schwankungen der durchschnittlichen Temperaturen im Januar und im August. Die Temperaturschwankungen zwischen Tag und Nacht liegen laut BLUME (1968) im Mittel bei 8 °C, an der Küste um 5-6 °C und im Landesinneren bei 10-12 °C.

Niederschläge

Die Niederschlagsmengen hängen von der Stärke der Passatströmung in Kombination mit orographischen Faktoren ab. Außerdem wird die Höhe der Niederschläge von Häufigkeit und Stärke der durchziehenden tropischen Zyklonen bestimmt (KAPPAS 1999).

In der Dominikanischen Republik konzentriert sich die Verteilung der Niederschläge auf die sommerliche Regenzeit. Diese weist zwei Niederschlagsmaxima auf, welche im Mittel im Mai und im September/ Oktober auftreten (WEISCHET 1996).

Im Winter bewirkt das Vorrücken des subtropischen Hochdruckgebietes zur äquatorialen Tiefdruckrinne im Bereich der Passatströmung im zeitlichen Mittel über der Karibik eine Massendivergenz in den tieferen und eine Absinkbewegung in den mittleren Troposphärenschichten, was zu einer schichtungsstabilisierenden Wirkung und damit zur Ausbildung einer ausgeprägten Passatinversion führt.

Unter dieser Schicht können sich keine hochreichenden Konvektionswolken ausbilden, und damit ergibt sich eine Trockenzeit, eine regenarme bzw. regenlose Periode. Abweichende Verhältnisse können orographisch bedingt auftreten, wenn die Passatströmung auf Gebirge trifft und zum Aufstieg über die Inversion hinaus gezwungen wird (WEISCHET 1996).

Im Sommer hingegen kommt es zur polwärtigen Verschiebung des Bermuda-Hochs, dessen Achse sich auf 25-30 ° N verschiebt und somit zur Verminderung der Häufigkeit und der Stärke antizyklonaler Strömungsbedingungen beiträgt. Die relative Trockenheit zwischen den Maxima entsteht durch die jahreszeitliche Verlagerung des westatlantischen Höhentrogs, der sich im Sommer bis in den Golf von Mexiko verlagert und so einen relativen Druckanstieg über den großen Antillen bewirkt, was zu einer Abnahme der Niederschläge und somit zu einer Zeit relativer Trockenheit (veranillo) führt (KAPPAS 1999).

Auf Hispañola kommt es zu einer tendenziellen Abnahme der Niederschläge von Osten nach Westen und von Norden nach Süden (Abb. 12). Der Grund dafür liegt in der Verteilung der Gebirgszüge der Insel, welche sich parallel zueinander, durch Längssenken voneinander getrennt, im Osten in Richtung NW und im Westen in Richtung NWN-ESE erstrecken. Da die Gebirge nicht exakt quer zu Anströmungsrichtung des NE-Passats verlaufen, ist der Luv/Lee-Unterschied der Gebirgsseiten nicht gleichmäßig ausgeprägt, so dass die Niederschlagsmenge von Ost nach West abnimmt. Die größte Menge des Wasserdampfes regnet sich an den nördlichen Gebirgszügen ab, so dass es zu einer Abnahme der Jahresniederschläge von Nord nach Süd kommt (WEISCHET 1996).

Aus diesem Grund kommt es zur Ausbildung von Wassermangel- und Wasserüberschussgebieten. Vollhumide Gebiete liegen im Bereich der Nord- und der Zentralkordillere und dem östlichen Bereich des sich dazwischen erstreckendem Valle de Cibao (Vega Real) sowie in weiten Teilen der Südkordillere. Arid ausgeprägt sind hingegen der westliche Teil des Valle de Cibao sowie die Längstäler zwischen der Zentalkordillere und den südlichen Gebirgen (KAPPAS 1999).

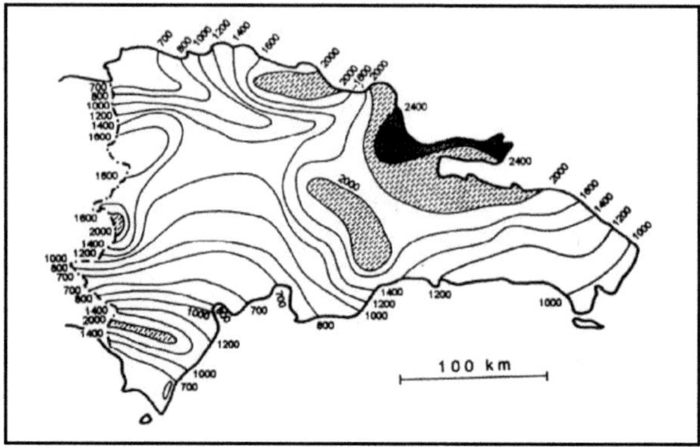

Abb. 12 : Jahressummen der Niederschläge in der Dominikanischen Republik (BOLAY 1997:63)

2.3.3 Regionales Klima des Untersuchungsgebietes

Im Untersuchungsgebiet nehmen die durchschnittlichen Jahresniederschläge aufgrund orographischer Effekte von Norden nach Süden zu, während die durchschnittlichen Jahrestemperaturen abnehmen. Dies bewirkt eine durchschnittliche Abnahme der Evaporation von Norden nach Süden. Damit herrschen im Norden des untersuchten Gebietes nahe der Presa de Taveras (ca. 300 m ü. NN) eher aride Bedingungen vor, die Evaporationswerte übersteigen die der Niederschlagswerte fast das gesamte Jahr über.

Für die Periode 1968-1988 wurde an der Station Taveras eine durchschnittliche Jahresniederschlagssumme von 1234,3 mm berechnet, die Jahressumme der Evaporation betrug 1900,3 mm. Die mittlere Jahrestemperatur betrug 24,5 °C (Abb. 13).

Weiter südlich an der Station Jarabacoa (529 m ü. NN) übersteigen nur während der Sommermonate die Werte der Verdunstung die der Niederschläge. Für die gleiche Periode (1968-1988) wurde hier eine Jahresniederschlagssumme von 1537,1 mm bestimmt, die Jahressumme der Evaporation betrug 1374,6 mm und die mittlere Jahrestemperatur betrug 22,1 °C (Abb. 14).

Für die im Süden liegende Station La Sal (1056 m ü. NN) wurde vergleichsweise im Jahr 1996 eine Jahresniederschlagssumme von 2926,8 mm gemessen.

Abb. 13 und 14 zeigen Niederschlag, Evaporation und Temperatur im Jahresverlauf für die Stationen Taveras und Jarabacoa.

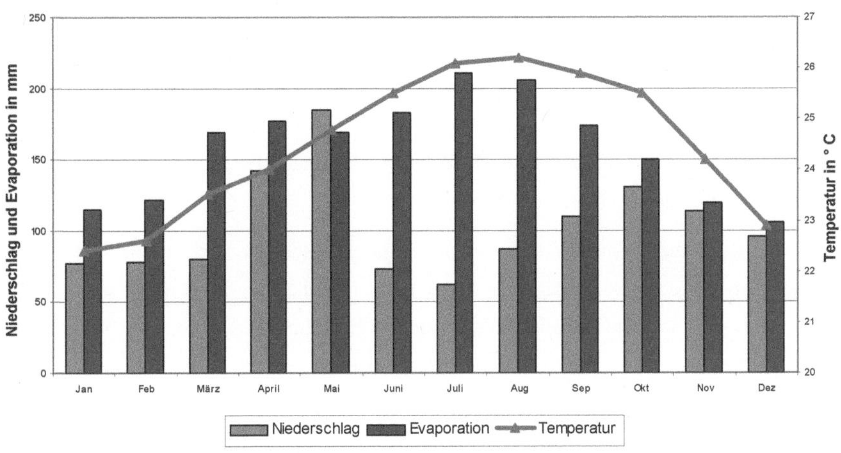

Abb. 13: Niederschlag, Evaporation und Temperatur im Jahresverlauf für die Station Taveras (Höhe 300 m ü. NN) für die Periode 1968-1988 (Eigener Entwurf, Quelle: VICIOSO 2002, Departamento de Hidrología del INDRHI)

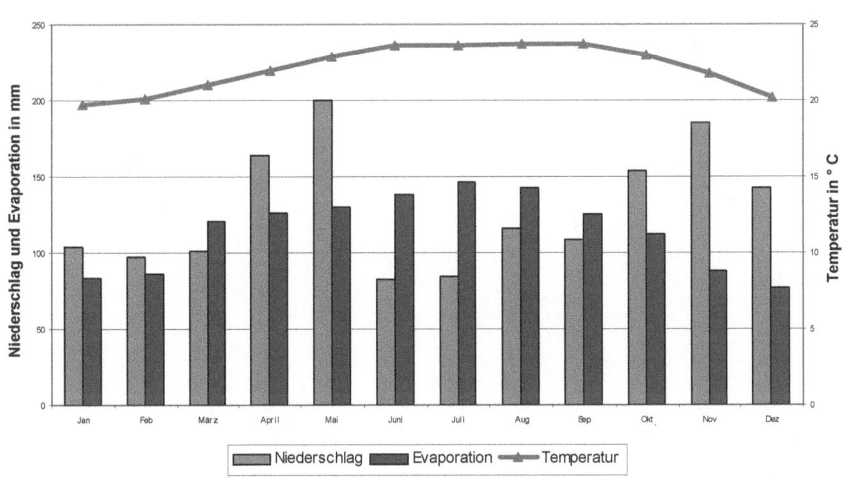

Abb. 14: Niederschlag, Evaporation und Temperatur im Jahresverlauf für die Station Jarabacoa(Höhe 529 m ü. NN) für die Periode 1968-1988 (Eigener Entwurf, Quelle: VICIOSO 2002, Departamento de Hidrología del INDRHI)

2.3.4 Tropische Wirbelstürme (Hurrikane)

Die Dominikanische Republik liegt im Gebiet der häufigsten Zugbahnen für tropische Wirbelstürme. Das Land wird fast jährlich von tropischen Zyklonen bedroht und ist besonders verletzlich aufgrund der 1576 Kilometer langen Küste entlang des Karibischen Meers und des Atlantiks (QUEZADA & PÉREZ 1999).

In den Breiten um 30 ° N sind zwei relativ stationäre Hochdruckgebiete lokalisiert, das Azoren-Hoch und das Bermuda-Hoch. Südlich dieser Hochdruckgebiete weht äquatorwärts der NE-Passat. Die Hochdruckgebiete wandern mit dem Höchststand der Sonne, sie erreichen jedoch erst im August ihre nördlichste Position. Diese zeitliche Verzögerung von zwei Monaten zum Sommersolstitium im Juni ist begründet durch die verzögerte Erwärmung von Atmosphäre und Ozean (PIELKE & PIELKE 1997).

Zu Zeiten in denen das Bermuda-Hoch stark ausgeprägt ist, kommt es häufig zum Übertreten von Hurrikanen auf das Festland im Bereich der Karibik, des Golfes von Mexico und den südlichen Küsten der Vereinigten Staaten. Ist das Bermuda-Hoch hingegen schwach ausgeprägt, so kann es zum Auftreten von Hurrikanen an der Westküste Europas kommen (LONGSHORE 1998).

Tropische Wirbelstürme und Hurrikane entwickeln sich südlich dieser Hochdruckgebiete in den meisten Fällen aus Tiefdrucksystemen, den Easterly Waves (auch Tropical Waves). Diese werden mit der Passatströmung nach Westen über Westafrika bis in die Karibik versetzt, über dem Atlantischen Ozean können sie dabei große Mengen an Wasserdampf aufnehmen (LAUER 1995) (Abb. 15).

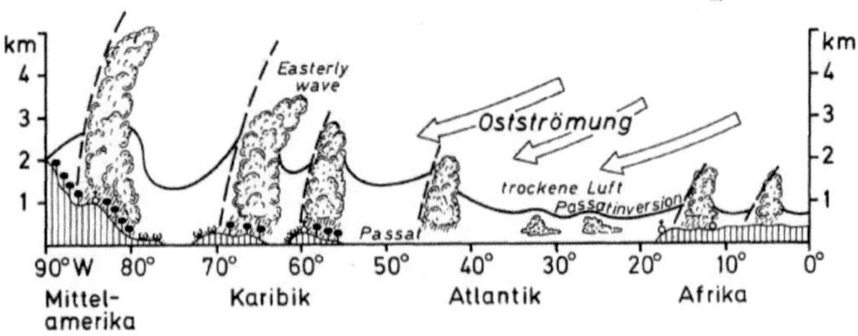

Abb. 15: Schematische Darstellung des Durchzuges einer Passatstörung (Easterly Wave) mit charakteristischen Witterungsmerkmalen (LAUER 1995:136)

Die Easterly Waves treten im Karibischen Raum zwischen Mai und November auf, wobei das Maximum des Auftretens in den Monaten August und September liegt. Sie bewegen sich mit einer Geschwindigkeit von etwa fünf Längengraden pro Tag, also ca. 20-25 km/h (ELSNER & KARA 1999). Tropische Wirbelstürme können jedoch auch aus außertropischen Tiefdruckgebieten hervorgehen, wenn diese durch Cut-off Effekte aus der außertropischen Westwindströmung Richtung Äquator austreten (PIELKE & PIELKE 1997).

Am 22. September 1998 verursachte der Hurrikan „Georges" eine der schlimmsten Naturkatastrophen in der Geschichte der Dominikanischen Republik. Mit Windgeschwindigkeiten von mehr als 220 km/h und langanhaltenden, intensiven Regenfällen (Abb. 16) bewirkte er Hochwasser, Überschwemmungen und Rutschungen im Süden und Osten des Landes. Neben insgesamt 283 Toten wurden materielle Schäden im Wert von über 2 Mrd. US$ an Gebäuden, Brücken, Strassen etc. verzeichnet (QUEZADA & PÉREZ 1999).

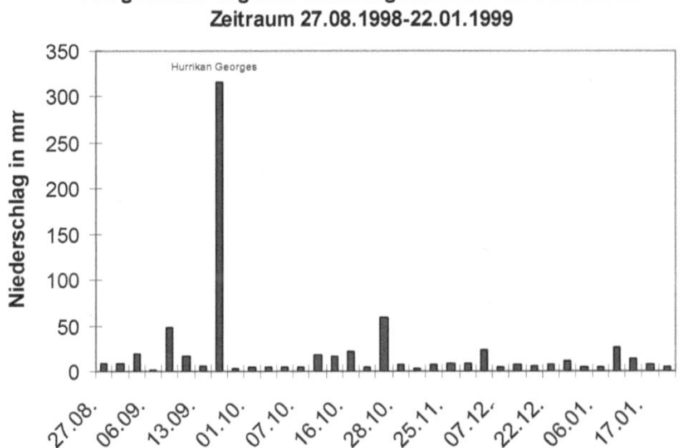

Abb. 16: Ausgewählte Tagesniederschlagssummen (nahe La Sal) im Zeitraum 27.08.1998 bis 22.01.1999 (Eigener Entwurf, Datenerhebung: SCHÖGGL 1998/ 1999)

In der Nacht vom 21. auf den 22. September bewegte sich Georges über die Mona Passage auf die Dominikanische Republik zu, um gegen Mittag östlich von Santo Domingo auf das Land üBERZutreten. In den nächsten 21 Stunden nahm die Intensität des Wirbelsturmes bei seinem Zug nach Nordwesten über das gebirgige Land leicht ab (NATIONAL HURRICANE CENTER 2003). Abb. 17 zeigt Hurrikan „Georges" über dem Untersuchungsgebiet.

Abb. 17: Hurrikan „Georges" über der Dominikanischen Republik am 22.09.1998 (www.wsicorp.com 12.05.2003)

Während des Zeitraumes 1870-1991 haben 34 Hurrikane und 27 Tropische Stürme die Dominikanische Republik passiert (Abb. 18). Obwohl die Hurrikansaison von Juni bis November festgelegt ist, traten 94 % der Hurrikane in der Zeitspanne August bis Mitte Oktober auf, der Monat September ist mit 60 % am häufigsten mit Hurrikanen gezeichnet (Horst 1991).

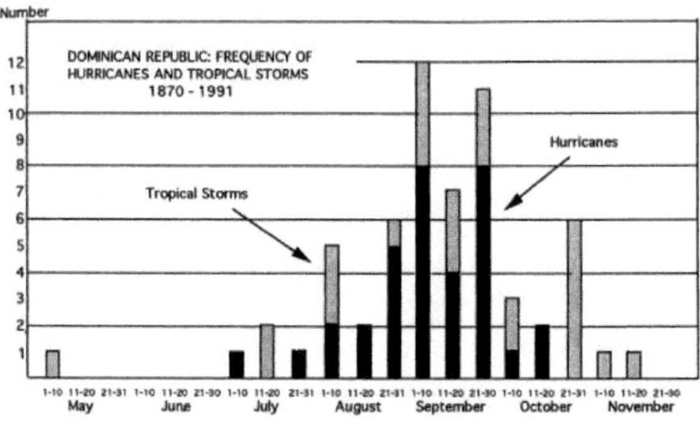

Abb. 18: Absolute Häufigkeiten von Hurrikanen und Tropischen Wirbelstürmen im Zeitraum 1870-1991 (Horst 1991:207)

Die Wolkenformationen bewegen sich dabei als spiralförmige Bänder um das Auge des Hurrikans, die außenliegenden Bänder können über 1000 km vom Zentrum des Sturms entfernt sein. Innerhalb dieser Bänder treten starke Regenfälle sowie extreme Windböen auf. Beim Durchzug des Hurrikans wechseln sich Perioden starken Regens und Windes mit Perioden ab, in denen aufgeklärtes Wetter vorherrscht, bis das nächste Band durchzieht.

Die Intensität und Höhe der Niederschläge variieren deshalb beim Durchzug über Land stark und relativ kleinräumig (ELSNER & KARA 1999). Von Bedeutung ist die Richtung aus der der Landfall erfolgt. Von Südosten her ankommend kann der Sturm die Küste in seiner vollen Stärke treffen. Nähert er sich jedoch aus südwestlicher Richtung, können von den Landoberflächen her einwirkende kältere und trockenere Luftmassen ihn in seiner Intensität schon abgeschwächt haben (SIMPSON & RIEHL 1981).

2.4 Landnutzung

Das Einzugsgebiet des Rio Yaque del Norte stellt eines der wichtigsten hydrographischen Systeme der Dominikanischen Republik dar, da es für die Wasserversorgung des gesamten Cibao Tals zuständig ist. Deswegen ist es von großer Wichtigkeit Veränderungen in der Landnutzung zu verfolgen, da diese Veränderungen Probleme wie Rutschungs- und Bodenerosionsgefährdung hervorrufen, was eine Verminderung der Produktivität der Böden und eine Kontamination der Gewässer bewirken kann. Der Eingriff in das regionale Ökosystem wirkt sich zunehmend auf die Lebensqualität der Bevölkerung aus, welche durch die teilweise ungeeignete Landnutzung letztendlich ihre eigene Lebensgrundlage aufgrund der Degradierung der Böden und durch die Schäden an den Stauseen (Verlust der Bewässerungskapazität, Trinkwasser, Elektrizität) gefährdet (VICIOSO 2002).

Im Norden des Untersuchungsgebietes wurde im Jahre 1973 der Stausee Taveras mit einer Größe von 6,2 km² in Betrieb genommen (Abb. 60 und 61/ Anhang). Es werden im Jahr 185 GWH Elektrizität erzeugt, 9100 ha Land bewässert und Trinkwasser produziert. Der Sedimenteintrag in den Stausee wurde in den Jahren 1978 und 1981 gemessen, dabei wurden für die Periode von 1973-1978 5,1 Mio. m³ (1300 m³/ km²/ a) Sedimenteintrag und für die Periode 1979-1981 10,6 Mio. m³ (2500 m³/ km²/ a) Sedimenteintrag gemessen.

In der Berechnung des Sedimenteintrags der letzteren Periode sind die Ereignisse Hurrikan „David“ und Sturm „Frederic“ im Jahr 1979 enthalten. Eine Messung 1993 ergab eine Reduktion der Wasserspeicherkapazität von 21 % in 20 Jahren. Der Abtrag von Boden in die Gewässer während Starkregenereignissen ist offensichtlich von großer ökologischer und ökonomischer Bedeutung (GWB/ GFA-AGRAR 1998).

Die für die agroforstliche Nutzung geeigneten Flächen betragen 31 %. Aktuell werden jedoch nur 18 % der Flächen auf diese Art genutzt, dabei hat Kaffee unter Schatten (hauptsächlich *Inga vera*) einen Anteil von 70 %, Weide mit Bäumen (hauptsächlich *Pinus occidentalis*) 20 % und die übrigen 10 % sind Bäume, die zur Befestigung der Weidezäune genutzt werden (hauptsächlich *Gliricidia sepium*) (GWB/ GFA-AGRAR 1998).

Obwohl nur 9 % der Flächen des Untersuchungsgebietes für die agrarwirtschaftliche Nutzung geeignet sind, werden auf 21 % der Flächen Kaffee und Bohnen sowie traditionelle Arten wie Mais, Yuca, Tabak und Banane angebaut. Die Produktion von Gemüse wie Tayota, Kohl, Tomaten und Kopfsalat hat in den letzten Jahren zugenommen. Außerdem gewinnt in den Zonen El Rio und Jarabacoa die Massenproduktion von Schnittblumen an Bedeutung (GWB/ GFA-AGRAR 1998).

Für Weidezwecke werden 24 % der Flächen genutzt, obwohl nur 9 % dafür geeignet sind. (GWB/ GFA-AGRAR 1998).

Abb. 19 und 20 zeigen die aktuelle und die potentielle Landnutzung im Untersuchungsgebiet.

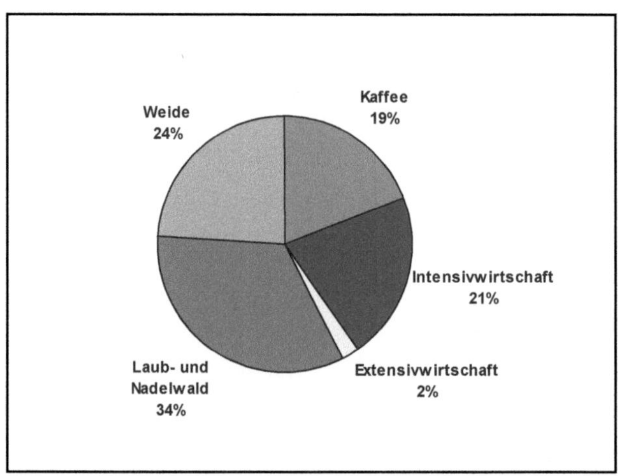

Abb. 19: Aktuelle Landnutzung im Untersuchungsgebiet (Eigener Entwurf, Quelle: GWB/ GFA-AGRAR 1998)

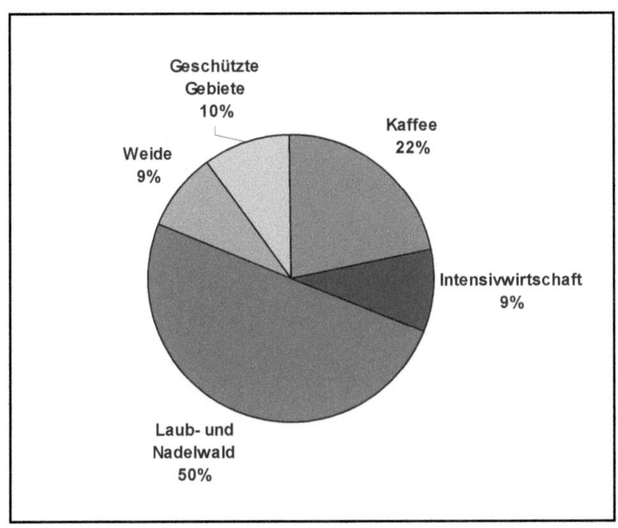

Abb. 20: Potentielle Landnutzung im Untersuchungsgebiet (Eigener Entwurf, Quelle: GWB/ GFA-AGRAR 1998)

Westlich des Untersuchungsgebietes schließen sich die Nationalparks José Armando Bermúdez (766 km²) (Abb. 58/ Anhang) und José del Carmen Ramírez (764 km²) an, welche in den Jahren 1956 und 1958 ausgewiesen wurden. Beide sind in staatlichem Besitz und werden durch die Dirección Nacionál de Parques (DNP) in Kooperation mit der Dirección General de Foresta (DGF) geleitet. Die feuchten Bergregenwälder, die sich in diesem Gebiet im Herzen der Zentralkordillere erstrecken, werden trotz Ausweisung zum Schutzgebiet teilweise durch illegalen Einschlag und „slash and burn agriculture“ von der Zerstörung bedroht. 1989 wurde das sich im Osten an das Untersuchungsgebiet anschließende wissenschaftliche Naturreservat Ebano Verde unter der Leitung von PROGRESSIO (Fundación para el Mejoramiento Humano) gegründet. Hier soll Nebelwaldvegetation, im speziellen die lokalendemische Edelholzart Ebano Verde (*Magnolia pallescens*), geschützt werden (BOLAY 1997).

3 Allgemeine Grundlagen gravitativer Massenbewegungen, insbesondere Rutschungen

Als gravitative Massenbewegungen bezeichnet LESER (1998) alle Bewegungen von gleitendem, rutschendem und stürzendem Boden-, Hangschutt- und Gesteinsmaterial auf geneigten Hängen unter dem Einfluss der Schwerkraft sowie unter der Voraussetzung einer Reihe von endogenen und exogenen Randbedingungen.

3.1 Physikalische Grundlagen von Massenbewegungen

Natürliche Hänge und Böschungen sind geneigte Geländeflächen, entstanden durch endogene oder exogene geodynamische Prozesse. Tektonische Prozesse verändern dabei die Erdoberfläche durch Hebung oder Senkung. Dem wirken schwerkraftbedingte Massenverlagerungen entgegen, die eine Einebnung dieser neu entstandenen Formen erzielen wollen (KRAUTER 1996).

Alle Substanzen an der Erdoberfläche unterliegen dem Einfluss der Schwerkraft, welche vertikal zum Erdmittelpunkt gerichtet ist. Die Schwerkraft K ist definiert als das Produkt von Masse M der jeweiligen Substanz und der Fallbeschleunigung $g = 9{,}81\ m/s^2$:

$$K = M\,g \qquad (3.1.1)$$

Die Wirkung der Schwerkraft auf die Materialbewegung an Hängen ist eine Funktion der Hangneigung. Da die Bewegung des Materials im allgemeinen parallel zum Hang stattfindet und andererseits das Material selbst auf der Hangfläche lastet ist es sinnvoll, die vertikal nach unten gerichtete Fallbeschleunigung g in zwei Vektoren zu zerlegen (vergl. Abb. 21).

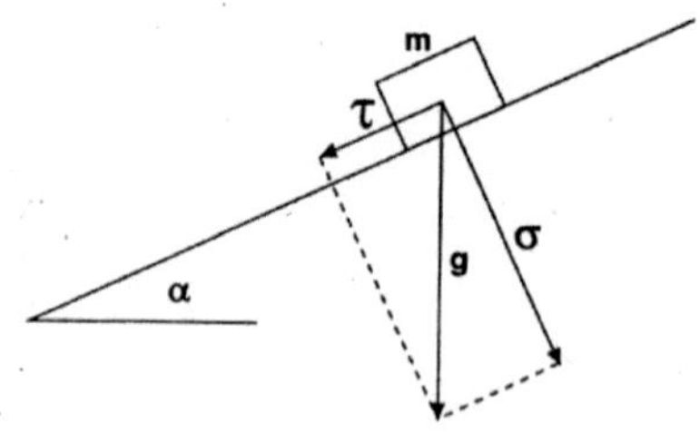

Abb. 21: Vektorparallelogramm der Schwerebeschleunigung an einem Hang (AHNERT 1996:121)

Der Vektor τ wirkt parallel zur Oberfläche hangabwärts. Der Vektor σ wirkt ebenfalls nach unten, jedoch rechtwinklig zur Oberfläche gerichtet. Die beiden Vektoren τ und σ stehen daher rechtwinklig zueinander als die Schenkel eines Vektorparallelogramms, dessen Resultierenden g ist. Bezogen auf die Flächen- und Masseneinheit heißt der Vektor τ auch Scherspannung oder Schubspannung. Er führt bei hinreichender Größe zum Abscheren und damit zur Bewegung des Materials hangabwärts (AHNERT 1996).

Er hat die Größe:

$$\tau = g \sin \alpha \qquad (3.1.2)$$

wobei α die Hangneigung in Grad ist.

Entsprechend ist daher die auf eine Masse M einwirkende hangparallele Schubkraft oder Scherkraft Ks:

$$Ks = M\,\tau = M\,g \sin \alpha \qquad (3.1.3)$$

Der Vektor σ, bezogen auf die Flächen- und Masseneinheit, wird als Druckspannung oder auch Normalspannung bezeichnet. Er stellt die Komponente der Schwerebeschleunigung, welche den Auflagedruck der Masse M auf die Hangfläche bewirkt:

$$\sigma = g \cos \alpha \qquad (3.1.4)$$

Die von ihm bestimmte Druckkraft oder Normalkraft Kn der Masse M ist daher:

$$Kn = M\,\sigma = M\,g \cos \alpha \qquad (3.1.5)$$

An einer senkrechten Wand ($\sin \alpha = 1$, $\cos \alpha = 0$) ist die Druckspannung $\sigma = 0$ und die Scherspannung τ gleich der Schwerebeschleunigung g, auf der horizontalen Fläche ($\sin \alpha = 0$, $\cos \alpha = 1$) ist es umgekehrt. Geneigte Hangflächen sind physikalisch gesehen schiefe Ebenen, auf denen sowohl τ als auch σ größer Null sind.

Massenbewegungen von Lockermaterial setzen erst dann ein, wenn die Scherspannung τ einen bestimmten Schwellenwert überschreitet. Dieser Schwellenwert heißt Grenzscherspannung oder Grenzschubspannung (AHNERT 1996).

In kohäsionslosem Lockermaterial hängt sie nur von der Fallbeschleunigung g und der inneren Reibung des Materials ab, welche eine Funktion der Kornform des Materials und der Lagerungsart der Körner ist. Blättchenförmig und runde Teilchen können besonders leicht gegeneinander verschoben werden, also haben tonige (blättchenförmige Teilchen) und sandige (runde Teilchen) Böden eine geringere innere Reibung (RICHTER 1998).

Der Neigungswinkel, bei dem eine kohäsionslose Masse in Bewegung gerät, also bei dem die Scherspannung größer als der innere Reibungswiderstand des Materials ist, heißt Reibungswinkel (entspricht dem natürlichen Böschungswinkel) (AHNERT 1996).

In kohäsivem Material kommt die Kohäsion hinzu, also die Bindung zwischen den einzelnen Körnern des Materials aufgrund von Wassermenisken zwischen den Partikeln, aufgrund elektrostatischer Anziehung unterschiedlich geladener Teilchen und aufgrund biotischer Vernetzung (Wurzeln, Pilzhyphen) (RICHTER 1998).

Kohäsion und Grenzscherspannung sind umweltbedingten Veränderungen unterworfen. Im Regolith wird der Zusammenhalt des Materials durch die Wirkung des Bodenwassers verändert. Die Druck- bzw. die Sogwirkung des Wassers spielt dabei eine entscheidende Rolle. Negativer Porenwasserdruck bewirkt aufgrund der Sogwirkung eine Erhöhung der Grenzscherspannung und damit die Festigkeit des Materials. Bei positivem Porenwasserdruck, bei dem die Poren völlig mit Wasser gefüllt sind, verschwindet die Oberflächenspannung zwischen den Teilchen und damit die bindungsverstärkende Wirkung (AHNERT 1996).

3.2 Ursachen, Auslöser und Einflussfaktoren von Rutschungen

Rutschungen sind nach der Definition der MULTILINGUAL LANDSLIDE GLOSSARY (1993) „hangabwärts gerichtete Bewegungen von Boden-, Fels und Schuttmassen“.

Die Ursachen für Rutschungen liegen in der Veränderung des Gleichgewichts zwischen den rückhaltenden Kräften (Festigkeitseigenschaften von Fest- und Lockergestein) und den angreifenden Kräften im Hang durch dauernd oder episodisch wirkende Faktoren (DAMM 1999).

Rutschungen werden hauptsächlich durch Starkniederschläge oder tektonische Prozesse ausgelöst. In der vorliegenden Arbeit soll insbesondere auf Hangrutschungen in lockerem Gesteinsmaterial eingegangen werden.

Abb. 22 zeigt eine Zusammenstellung der wichtigsten Faktoren, die im Zusammenspiel Einfluss auf die Hangstabilität haben.

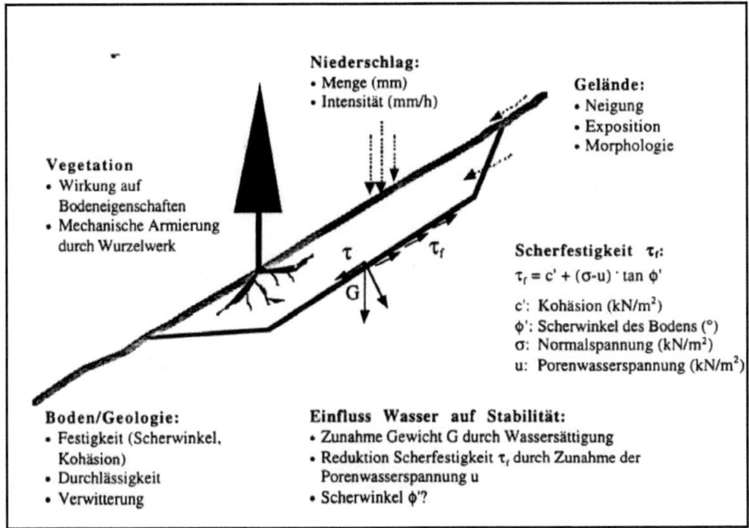

Abb. 22: Einfluss verschiedener Faktoren auf die Hangstabilität (RICKLI 2001:10)

Niederschlag:

Der Netto Niederschlag, welcher sich aus der Summe von Niederschlags- und Evapotranspirationsmenge ergibt, ist der primäre auslösende Faktor für Rutschungen (VAN BEEK 2002).

In der Regel werden oberflächennahe Rutschungen während oder kurz nach starken Niederschlägen ausgelöst (RICKLI 2001). Der Einfluss der Niederschläge kann sich auf die Hangbewegung jedoch auch Wochen bis Monate verzögert bemerkbar machen (KRAUTER 1996). Ein bestimmter Schwellenwert, der sich aus dem Produkt von Niederschlagsintensität und Niederschlagsmenge ergibt, muss dabei überschritten werden (CAINE 1980). Dieser Schwellenwert variiert je nach den lokalen Gegebenheiten in Abhängigkeit verschiedener anderer Einflussfaktoren (RICKLI 2001).

Relief:

Die Auslösung von Rutschungen ist maßgeblich abhängig von der Hangneigung. Außerdem kann durch eine externe Beeinflussung des Hanges wie eine künstliche Böschung, Auflasten, mangelhafte Entwässerungsmassnahmen und Hangfusserosion die Hangstabilität stark reduziert werden (RICKLI 2001).

Allgemein treten an süd- und westexponierten Hängen Massenbewegungen häufiger auf, da eine intensivere Verwitterung aufgrund von häufigeren und intensiveren Trocknungs-Befeuchtungswechseln stattfindet.

Auch mit der Hauptwindrichtung kann ein Zusammenhang vermehrter Rutschungsprozesse bestehen, da der Wind den Regen insbesondere auf die windexponierten Hänge zutreibt und eine stärkere Durchfeuchtung bewirkt (KRAUTER 1996).

Vegetation:

Die Intensität der Durchwurzelung wird von Vegetation und Bewirtschaftung bestimmt. Je intensiver und tiefgründiger die Durchwurzelung ist, wirkt sie sich positiv auf die Festigkeit des Oberbodens aus und wirkt im Zusammenspiel mit den Bodeneigenschaften auf den Wasserhaushalt des Bodenkörpers. Wenn die Pflanzen relativ gleich tief wurzeln, kommt es jedoch zu einer geringen Verankerung mit dem Untergrund. Die Art und Mächtigkeit der Bodenhorizonte hat großen Einfluss auf das Potential der armierenden Wirkung von Wurzeln. Mit zunehmender Tiefe der Gleitschicht nimmt im Allgemeinen die Vegetationswirkung ab. Daneben ist die hangstabilisierende Wirkung der Wurzeln abhängig von den beteiligten Pflanzenarten und ihren charakteristischen Wurzelsystemen.

Bei einer Untersuchung der Entwicklung des Einflusses von Wurzeln auf die Hangstabilität nach einem Kahlschlag, fand man heraus, dass durch das langsame Vermorschen der Wurzeln die Wurzelarmierung allmählich abnahm.

Die aufkommende Verjüngung verstärkte nach und nach wieder die Hangstabilität. Insgesamt wurde 5-10 Jahre nach dem Kahlschlag ein Minimum der Wurzelverstärkung festgestellt. Außerdem ist durch den Verlust des Altbestandes einige Jahrzehnte mit einer erheblichen Reduktion der Bodenverstärkung durch Wurzelarmierung zu rechnen (RICKLI 2001).

Boden:

Bei den Bodeneigenschaften stellen Korngrössen- bzw. Porengrößenverteilung die wichtigsten Eigenschaften dar, da von ihnen das Wasseraufnahmevermögen und die Wasserbewegung beeinflusst werden. Die Lagerungsdichte, die Körnung und der Skelettanteil haben Einfluss auf die Scherfestigkeit (RICHTER 1998).

Geologie:

Im Bezug auf die Ausbildung von Gleitflächen sind die geologischen Eigenschaften des Locker- und Festgesteins wichtig. Rutschungen treten vorzugsweise in Gebieten mit vergleichsweise geringer Festigkeit des Ausgangsmaterials oder ungünstiger Schichtabfolge auf (RICKLI 2001). Bei einer Wechselfolge von gut und weniger gut durchlässigen Schichten können mehrere Grundwasserstocke entstehen, und an den Grenzflächen zur stauenden Schicht kommt es zu Wasseraustritten (Quellen). Die Durchfeuchtung dieser Schicht führt häufig zu Rutschungen (KRAUTER 1996). TAN (1996) untersuchte geologischen Faktoren, die zum Auftreten von Rutschungen beitragen. Dabei stellte er die Lithologie, den Grad der Verwitterung, die Geomorphologie und eventuell auftretende Diskontinuitäten im Gestein als wichtigste Faktoren heraus.

HANSEN (1984) und CROIZIER (1986) bestimmen die Höhe, die Hangneigung, die Exposition, den Beleuchtungskoeffizienten, die Wölbung, die Geomorphologie, die Lithologie, die Vegetation, den jährlichen Niederschlag sowie die Ausprägung des Gewässernetzes als wichtigste Steuerungsfaktoren von Rutschungsprozessen.

Die Untersuchung durch IRIGARAY, FERNÁNDEZ & CHACÓN (1996) im spanischen Granada Basin führte zu dem Ergebnis, dass Lithologie und tektonische Prozesse den größten Einfluss auf das Rutschungspotential haben, darauf folgen als Faktoren „zweiter Klasse“ die Höhe, die Geomorphologie, die Hangneigung, der Beleuchtungskoeffizient sowie die Vegetation.

Für KRAUTER (1996) stellt der geologische Aufbau die Primärursache für Massenbewegungen dar. Weiterhin haben das Klima, die Vegetation, tektonische Prozesse sowie der Faktor Zeit einen wichtigen Einfluss.

Auch Bodenerosion kann gravierende topographische Veränderungen hervorrufen, welche das Auftreten von Hangrutschungen begünstigen oder aktivieren kann. Wird Wasser im Boden an einem weniger durchlässigen Bodenhorizont oder einer Substratschicht gestaut, so kann es zur Entwicklung von Erosionsgräben (Gullies) kommen und weiterführend zur Entstehungen von Rutschungen (SUÁREZ 1996).

Die Menge des von den Hängen in die Flüsse transportierten Sediments durch Massenbewegung geht dabei weit über die Menge hinaus, die durch Graben-, Rillen -oder Flächenerosion eingetragen wird (MORGAN 1996).

3.3 Rutschungstypen

Bei einer Rutschung handelt es sich um eine gravitative Bodenverlagerung, bei der der Anteil an Boden den Wasseranteil überwiegt. Dabei werden zwischen den einzelnen Bodenteilchen die Kohäsions- und Reibungskräfte verändert. Die räumliche Dimension von Rutschungen kann dabei sehr stark variieren (KRAUTER 1996).

Abb. 23 zeigt welche Dimensionsfaktoren zur Beschreibung einer Rutschung wichtig sind.

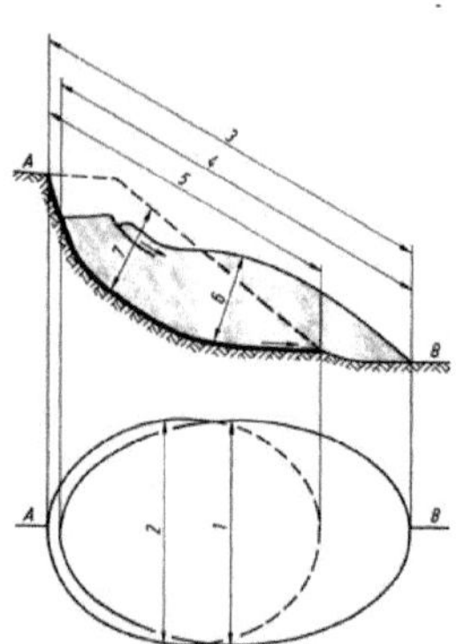

Abb. 23: Schematische Darstellung von Dimensionen und Beschreibungsmerkmalen von Rutschungen: 1 Breite der Rutschmasse, 2 Breite der Gleitfläche, 3 Gesamtlänge, 4 Länge der Rutschmasse, 5 Gleitflächenlänge, 6 Mächtigkeit der Rutschfläche, 7 Tiefe der Gleitfläche (MULTILINGUAL LANDSLIDE GLOSSARY 1993)

Unterschieden wird zwischen den Haupttypen Translations- und Rotationsrutschungen, welche auch kombiniert auftreten können:

Translationsrutschungen

Bei einer Translationsrutschung rutscht eine stabile Schicht auf einer weniger stabilen, gleitfähigen Schicht ab, wenn die Hangabtriebskraft größer als Reibung und Kohäsion ist. Zwei unterschiedlich stabile Schichten können sowohl geologisch bedingt sein, es kann sich jedoch auch um die durchwurzelte Bodenschicht handeln, die einen stabilen Bereich im Boden darstellt.

Abb. 24 stellt die schematische Darstellung einer Translationsrutschung sowie den Querschnitt einer geologischen Matrix mit einer sich entwickelnder Abrissspalte dar.

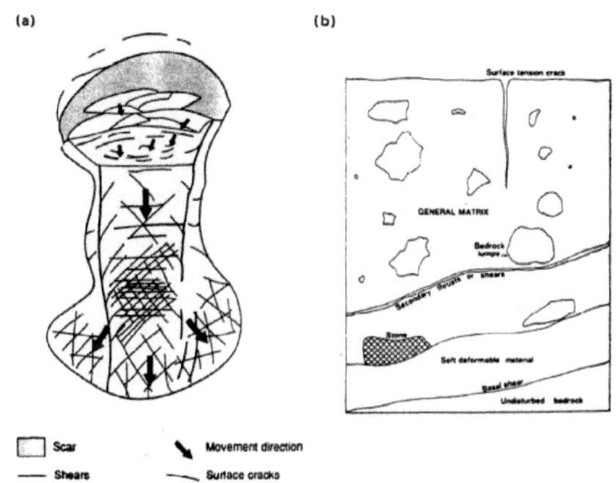

Abb. 24: Schematische Darstellung einer Translationsrutschung (a), Querschnitt einer geologischen Matrix mit sich entwickelnder Abrissspalte (b). (DIKAU 1996:110)

Oftmals handelt es sich um kohäsionslose Substrate, welche nur einen geringen Reibungswiderstand besitzen. Deshalb ist für ihre Hangstabilität nur eine geometrische Eigenschaft relevant, nämlich die Hangneigung. Translationsrutschungen sind deshalb eher flachgründig und die Scherfläche verläuft unter der gesamten Rutschungsfläche annähernd oberflächenparallel. Außer bei den grobkörnigsten, nicht kohäsiven Regolithen ist der Porenwasserdruck wichtig für die Hangstabilität.

Anders als kohäsive Rutschmassen verlieren kohäsionslose nach dem Abrutschen ihren Zusammenhalt und zerfließen hangabwärts, wobei eine exponierte Abrissnische zurückbleibt, deren Form einige Zeit erhalten bleiben kann (GOUDIE 1998).

Die durch Translationsrutschungen freigelegten Flächen sind aufgrund der fehlenden Vegetation dem Niederschlag schutzlos ausgesetzt und daher verstärkt von Wassererosionsprozessen bedroht (RICHTER 1998).

Rotationsrutschungen

Der Abriss kohäsiver Substrate erfolgt im Allgemeinen entlang einer tiefreichenden Scherfläche und hat eine Rotationsrutschung zur Folge. Die Hangstabilität hängt nicht nur von Scherfestigkeit und Hanggeometrie ab, sondern auch vom Porenwasserdruck (GOUDIE 1998).

Der Hang rutscht aufgrund seines Eigengewichts nicht hangparallel, sondern muldenförmig. Dabei verschiebt sich der Hangkörper sich nicht nur hangabwärts, sondern dreht sich zusätzlich. Es kommt zu einem tiefgründigen Eingriff in das rutschfähige Material. Durch die Rotation kippt die Oberfläche der abgerutschten Scholle zum Hang hin und Wasser kann deshalb im oberen Teil nicht mehr oberflächlich abfließen, es sammelt sich am tiefsten Punkt der v-förmigen Kerbe und durchfeuchtet die Gleitfläche noch mehr. Dadurch wird diese weiter destabilisiert und die Rotationsrutschung kommt kaum zur Ruhe (RICHTER 1998).

4 Datengrundlage, Geräte und Software

4.1 Digitale Geländemodelle

Unter einem Digitalen Höhenmodell (DHM) versteht man eine Anzahl von Höhenwerten als Funktion ihrer Lagekoordinaten x und y. Gelten die Höhenwerte für Punkte auf einer Geländeoberfläche, spricht man von einem Digitalen Geländemodell (DGM). Die Qualität eines DGM hängt in erster Linie von der Qualität der Ausgangsdaten und somit auch von der Qualität der Datenerfassung ab. In zweiter Linie ist sie vom Interpolationsalgorythmus abhängig (AUMANN 1994).

Laut MOORE & GRAYSON & LADSON (1992) sind drei Hauptvarianten zur Strukturierung der Daten beim Aufbau eines DGM gebräuchlich (Abb. 25):

a) Square-grid Network (Gitternetz oder Raster-DGM)
b) Triangulated Irregular Network (TIN) (Dreiecksnetz)
c) Contour-based Network (Höhenlinienbasierendes oder Vektor-DGM)

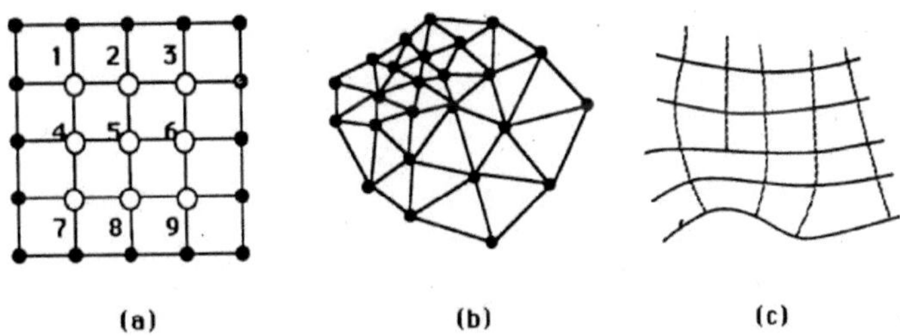

Abb. 25: Schematische Darstellung eines Raster-DGM (a), eines TIN (b) und eines Vektor - DGM (c) (MOORE & GRAYSON & LADSON 1994:8)

Da für die Analyse zwei unterschiedliche Raster-DGM verwendet wurden, werden im Folgenden kurz die Datenstruktur sowie die wichtigsten Vor- bzw. Nachteile eines solchen DGM erläutert.

Bei einem rasterbasierte DGM liegen die Höhendaten in einem regelmäßig dreieckig, rechteckig oder quadratisch angeordneten Raster vor (MOORE & GRAYSON & LADSON 1993).

Die Angabe von x, y –Koordinaten für jeden Höhenwert kann entfallen, da sie aus dem Rasterformat hervorgehen. Die Höhenwerte entsprechen diskreten Geländepunkten oder einem Mittelwert über dem Geländeausschnitt, dem ein Gitterpunkt des Rasters zugeordnet ist (CONRAD 1998).

Vorteile:

Rasterdaten weisen eine einfache Datenstruktur auf, wodurch eine sehr effektive Verwaltung der Daten möglich ist (AUMANN 1994). Besonders für die Ableitung morphometrischer Reliefparameter sind Rasterdaten sowohl für die Berechnung, wie auch im Bezug auf ihre räumliche Repräsentanz vorteilhaft (CONRAD 1998). Topographische Faktoren wie die Hangneigung, die Exposition, die Wölbung und die Einzugsgebietsgröße lassen sich von allen drei Typen digitaler Geländemodelle ableiten. Die Gitternetzstruktur ist dabei jedoch die effizienteste und damit die meist verwendetste Struktur für DGM (MOORE & GRAYSON & LADSON 1993).

Nachteile:

Raster-DGM haben den Nachteil, dass für sie der Umgang mit abrupten Höhenänderungen ein Problem darstellt (MOORE & GRAYSON & LADSON 1993). Dies ist darauf zurückzuführen, dass die Elemente eines Raster-DGM immer eine konstante Horizontaldistanz zu ihren Nachbarelementen haben (CONRAD 1998). Die Rasterweite beeinflusst das Ergebnis der neu gewonnenen Daten (MOORE & GRAYSON & LADSON 1993).

TK50-DGM

Das TK50-DGM, welches flächendeckend für die Dominikanische Republik in einer Rasterweite von 50 m aus Topographischen Karten des Maßstabes 1:50000 abgeleitet wurde (Höhenlinienabstand 20 m, Hilfslinienabstand 10 m), stellte das Institúto Cartográfico Militar (República Dominicana) zur Verfügung.

Zum Aufbau eines Raster-DGM aus Höhenlinien muss ein Interpolationsansatz zur Berechnung der Höhenwerte an den Gitterpunkten aus den Messdaten gefunden werden, der der Struktur der Höhenliniendaten als Ausgangsdaten Rechnung trägt (AUMANN 1994). Für das vorliegende DGM wurden die Höhenwerte durch Triangulation berechnet, was in den auftretenden Artefakten zum Ausdruck kommt (Kap.6.1, Abb.33).

Hierbei ist zu bedenken, dass während dieses Prozesses leicht abflusslose Senken in das DGM miteingebaut werden können. (GYASI-AGYEI 1994). Deshalb wurde der Datensatz auf solche Fehler überprüft und diese wurden behoben. Die vertikale Genauigkeit der Höhendaten beträgt +/- 10 m.

Shuttle Radar Topographic Mission (SRTM) - DGM

Das Spaceshuttle Endeavour hat im Februar 2000 für elf Tage die Erde mit Radarstrahlen abgetastet (Shuttle Radar Topography Mission). Die gesammelten Radardaten wurden in digitale Höhenmodelle umgerechnet, die den Globus im Bereich zwischen 60° N und 56° S abdecken. Die Höheninformation wird aus den an der Erdoberfläche rückgestreuten Radarsignalen ermittelt. Dabei wird aus dem Interferogramm zweier Radarbilder und der genauen Position des Space Shuttles im Orbit für jeden Bildpunkt die Höhe über Grund bestimmt. Der Höhendatensatz wird in geographische Koordinaten transformiert und als Kacheln mit einer Seitenlänge von 15'x15' in Länge und Breite ausgeliefert (USGS 2003).

Die Daten stehen für die meisten Teile der Erde in einer 90 x 90 m (1´´ Länge x 1´´ Breite) Auflösung kostenlos im Internet zur Verfügung (für die USA 30 x 30m). Die Höhenstufen haben einen Abstand von einem Meter. Die vertikale absolute Genauigkeit der Höhendaten beträgt +/- 16 m (USGS 2003).

Das Digitale Höhenmodell für das Untersuchungsgebiet wurde via File Transfer Protocol vom Server des UNITED STATES GEOLOGICAL SURVEY bezogen (C-Band) (USGS 2003).

Die Höhendaten wurden von der World Geodetic System 1984 Projektion (WGS 84) in Universal Transverse Mercator (UTM) Koordinaten (Zone Q 19) umgewandelt. Durch bilineare Interpolation wurden die Daten auf eine Rasterweite von 50 m skaliert, um einen Vergleich zu den Daten des TK50-DGM herstellen zu können. Dabei wird der Wert für die 50 m Rasterzelle gewichtet aus den Werten der vier umliegenden 90 m Rasterzellen abgeleitet.

4.2 Reliefparameter

Sämtliche Reliefparameter wurden mit dem Programm SAGA (System for an Automated Geo-Scientific Analysis) aus den beiden vorliegenden DGM abgeleitet.

Die Reliefparameter Hangneigung, Exposition und Wölbung wurden nach der Methode von ZEVENBERGEN & THORNE (1986) berechnet. Die Reliefparameter werden dabei aus der Beziehung einer Rasterzelle zu ihrer unmittelbaren NachBARSCHaft ermittelt. Daher wird für ihre Ableitung eine 3x3 Submatrix definiert, in deren Zentrum sich die Rasterzelle befindet, für die die Parameter berechnet werden sollen. In die Berechnungsfunktion gehen schließlich die Eigenschaften aller neun Elemente der Submatrix ein.

Der Reliefparameter Einzuggebietsgröße (EGG) wurde mit der Multiple Flow Direction Methode nach FREEMAN (1991) berechnet. Bei diesem zweidimensionalen Abflussmodell wird der Abfluss einer Rasterzelle auf alle tiefer liegenden Nachbarzellen verteilt. Zunächst werden für die Ausgangsrasterzelle die Hangneigungswerte zu ihren Nachbarrasterzellen berechnet. Der Abflussanteil, den die einzelnen Nachbarzellen erhalten, wird als proportional zu dem für sie ermittelten Neigungswert angenommen. Diese Methode wurde der gängigeren D8-Methode vorgezogen, da sie das Abflussverhalten in Hangbereichen besser wiedergibt.

4.3 Satellitenbilder

Da es sich bei Hangrutschungsprozessen oftmals um verhältnismäßig kleinskalige Prozesse handelt, ist der entscheidende Faktor, welcher die Nutzung von erdobservierenden Satellitensystemen (EO) zur Untersuchung von Hangrutschungsprozessen beschränkt, die geringe Auflösung der Satellitenaufnahmen. In den letzten Jahren jedoch sind durch den Einsatz hochentwickelter Satellitensysteme (wie z.B. IKONOS 1999, QUICKBIRD 2002, ENVISAT 2002) die Möglichkeiten zur Bearbeitung von Problemstellungen, die mit Massenbewegungen zu tun haben, erheblich erweitert worden (WASOWSKI & SINGHROY 2003).

Die für die vorliegende Arbeit verwendeten Satellitenbilder wurden vom hochauflösenden Satelliten IKONOS II aufgenommen, der im September 1999 in Umlauf gebracht wurde.

Der Satellit bewegt sich in einer sonnensynchronen Umlaufbahn, in einer Flughöhe von 680 km mit einer Inklination von 98,2 °. Die „Repetition“ liegt bei 1-3 Tagen, die Abtastbreite beträgt 11 km.

Simultan werden von seinem Sensor (Optical Sensor Assembly) panchromatische Aufnahmen (0,45-0,90 µm) mit einer Auflösung von 1 m sowie multispektrale Aufnahmen (4 Bänder: 0,45-0,52 µm; 0,52-0,60 µm; 0,63-0,69 µm; 0,76-0,90 µm) mit einer Auflösung von 4 m gemacht (SKIDMORE 2002).

Die IKONOS Daten sind in unterschiedlichen Qualitätsstufen erhältlich. Sie werden im 8-bit oder 11-bit GeoTiff Format und einem ASCII Metadatenfile geliefert (TOUTIN & CHENG 2002).

Die für die vorliegende Arbeit zur Verfügung stehenden Daten entsprechen dem sog. Geoprodukt, dem günstigsten und mit der geringsten Lagegenauigkeit erhältlichen Produkt. Die IKONOS Bilder wurden von dem deutsch-dominikanische Projekt PROCARYN (Proyecto Cuenca Alta Río Yaque del Norte) flächendeckend für das Untersuchungsgebiet zur Bearbeitung zur Verfügung gestellt. Geliefert wurden sie von der Space Imaging Company.

Für die vorliegende Arbeit wurden aus den Ikonos-Daten Trainingsgebiete in drei verschiedenen Bereichen des Untersuchungsgebietes ausgewählt, für die von der Space Imaging Company folgende Metadaten angegeben wurden:

Map Projection: Universal Transverse Mercator
UTM Specific Parameters
Hemisphere: N
Zone Number: 19
Product Order Pixel Size: 1.00 meters
Sensor Type: Satellite
Sensor: IKONOS-2
Processing Level: Standard Geometrically Corrected
Image Type: PAN/MSI

Bild 1 (Trainingsgebiet 1, westlicher Teil):

Acquisition Date/Time: 2002-05-19 15:28 GMT
Cross Scan: 0.82 meters
Along Scan: 0.82 meters
Scan Azimuth: 180.00 degrees
Scan Direction: Reverse
Nominal Collection Azimuth: 155.7883 degrees
Nominal Collection Elevation: 83.24455 degrees
Sun Angle Azimuth: 83.9764 degrees
Sun Angle Elevation: 73.08896 degrees

Bild 2 (Trainingsgebiet 1, östlicher Teil):

Acquisition Date/Time: 2002-05-22 15:37 GMT
Cross Scan: 0.91 meters
Along Scan: 0.93 meters
Scan Azimuth: 0.00 degrees
Scan Direction: Forward
Nominal Collection Azimuth: 322.0301 degrees
Nominal Collection Elevation: 66.89434 degrees
Sun Angle Azimuth: 81.5937 degrees
Sun Angle Elevation: 75.11806 degrees

Bild 3 (Trainingsgebiet 2):

Acquisition Date/Time: 2001-04-16 15:19 GMT
Cross Scan: 0.83 meters
Along Scan: 0.83 meters
Scan Azimuth: no data
Scan Direction: 0 degrees
Nominal Collection Azimuth: 220.2470 degrees
Nominal Collection Elevation: 81.33666 degrees
Sun Angle Azimuth: 109.8652 degrees
Sun Angle Elevation: 68.33561 degrees

Bild 4 (Trainingsgebiet 3):
Acquisition Date/Time: 2002-05-19 15:28 GMT
Cross Scan: 0.83 meters
Along Scan: 0.84 meters
Scan Azimuth: 179.98 degrees
Scan Direction: Reverse
Nominal Collection Azimuth: 24.1608 degrees
Nominal Collection Elevation: 80.39474 degrees
Sun Angle Azimuth: 84.6042 degrees
Sun Angle Elevation: 73.23927 degrees

Da sich die Arbeit zu großen Teilen an das aus Topographischen Karten erstellte DGM anlehnt, wurden die Ikonosszenen der Trainingsgebiete mit dem Programm Geomatica mit Hilfe der Topographischen Karten nachreferenziert. Da Topographische Karten im Maßstab 1:50000 mit wenig geeigneten Passpunkten wie z.B. Straßenkreuzungen die Grundlage der Nachreferenzierung bildeten, konnte die geometrische Genauigkeit des Geoproduktes nicht immer verbessert werden.

Um den Fehler der räumlichen Abweichung (in Metern) zwischen Satellitenbild und Topographischer Karte abzuschätzen, wurden jeweils mindestens vier relativ gleichmäßig über das Bild verteilte Punkte gesetzt, an welchen die UTM-Koordinaten im Ikonosbild von den entsprechenden UTM-Koordinaten der Topographischen Karte abgezogen wurden. Von diesen Differenzen wurde für jedes Bild die Standardabweichung berechnet (Tab. 1). Auf dieser Grundlage wurde zwischen dem Originalbild und dem mit Geomatica nachbearbeiteten Bild als Datengrundlage für die Analyse ausgewählt (siehe rot markierte Felder in Tab. 1). Bild 3 wurde zusätzlich anhand von GPS-Passpunkten nachreferenziert. Aus diesem Grund wurde diese Version für die Analyse verwendet.

Tab. 1: Standardabweichung in Metern (aus 4 bis 5 Punkten pro Szene) berechnet aus den Differenzen der UTM-Koordinaten von Ikonosszene und Topographischer Karte. Auswahl der für die Analyse verwendeten Bilder ist rot markiert.

Ikonosszene	Standardabw. Originalbild	Standardabw. korrigiertes Bild
Bild 1	31.7 m	**33.5 m**
Bild 2	**118.3 m**	61.6 m
Bild 3	--	39.0 m
Bild 4	20.2 m	**57.5 m**

4.4 Topographische Karten

- Blaupause der TK 1:50000, Edition 2, Serie E 733, Blatt 6073 III, Manabao, (1969). Erstellt von: U.S.Army Topographic Command, Washington D.C., USA & Institúto Cartográfico Universitario, República Dominicana.

- TK 1: 50000, Edition 3, Serie E 733, Blatt 6073 I, La Vega, (1989). Erstellt von: Defense Mapping Agency Hydrographic/ Topographic Center, Washington D.C., USA & Institúto Cartográfico Militar, República Dominicana.

- TK 1: 50000, Edition 3, Serie E 733, Blatt 6073 II, Jarabacoa, (1991).
  Erstellt von: Defense Mapping Agency - Interamerican Geodetic Survey, Fairfax, USA & Institúto Cartográfico Militar, República Dominicana.

Sämtliche Topographischen Karten lagen als Transverse Mercator Projektion mit einem Höhenlinienabstand von 20 m und einem Hilfslinienabstand von 10 m vor (UTM Zone 19, 1927 North American Datum; Clarke 1866 Ellipsoid).

4.5 Geologische Karte

- Geologische Karte 1:250000 der Dominikanischen Republik (1991).
  Erstellt von der Dirección General de Mineria (DGM), Santo Domingo, República Dominicana & der Bundesanstalt für Geowissenschaften und Rohstoffe (BGR), Hannover, Deutschland.
  Unterstützt von: Secretária de Estado de Industria y Comercio & Institúto Geográfico Universitario, Santo Domingo, República Dominicana.

Mit dem Programm Arc View (Kap. 4.9) wurde der Ausschnitt der Geologischen Karte für das Untersuchungsgebiet in digitale Form umgewandelt.

4.6 Landnutzungskarte

Die verwendeten Landnutzungskarte wurde erstellt von einer Doktorandin der Abteilung Kartographie, GIS & Fernerkundung des Geographischen Instituts Göttingen. Der Kartierung liegt eine Landsat-7 ETM+ Szene zugrunde, welche am 15.09.2000 aufgenommen wurde. Diese Landsat-Szene wurde ebenfalls georeferenziert in Anlehnung an die Topographischen Karten 1:50000 sowie anhand von mit dem GPS aufgenommenen Passpunkten.

Anschließend wurde der Bildausschnitt mit einem Nearest-Neighbour Resampling in eine 30-m-Auflösung gebracht. Im Jahr 2002 aufgenommene Testflächen wurden als Grundlage einer überwachten Klassifizierung genutzt. Einige Klassen wurden nachträglich anhand des DGM im Bezug auf die Höhenstufe geändert. Nachdem Nachbearbeitungsprozesse wie die Modalfilterung des Bildes (3x3 mode filter) zur Eliminierung von aus der Umgebung herausfallenden Einzelpixeln und das Resampling auf eine 30-m-Auflösung abgeschlossen waren, waren noch immer einige Klassen nicht zuverlässig voneinander trennbar.

Vegetationseinheiten, die kleiner als die räumliche Auflösung der Multispektralkanäle von 15 Metern waren, kann die Klassifikation nicht gerecht werden (Brötje 2003).
Für die Analyse wurden die Klassen der Landsat-Klassifizierung mit dem Programm Geomatica/ Image Works in fünf Klassen zusammengefasst (vergl. Abb. 50-54/ Anhang), um zu gewährleisten, dass innerhalb der Ikonos-Trainingsgebiete alle Klassen vertreten sind:

1. Keine Daten:
   Bewölkte Gebiete und Wolkenschatten in der Landsat-Szene
2. Wald:
   Laubwald, montaner offener oder montaner geschlossener Nadelwald, gemischter offener oder gemischter geschlossener Nadelwald, Agroforst
3. Landwirtschaft :
   Intensive Landwirtschaft, intensive Landwirtschaft (Typ Tayota), Weide, Kaffee ohne Schattenbäume, Flächen ohne Vegetation, Brandflächen
4. Gestörte Flächen:
   Ehemalig forst- oder landwirtschaftlich genutzte Flächen, in die sich Farne und Strauchvegetation ausgebreitet haben
5. Siedlungen und Gewässer

Um die vorliegenden Daten der Reliefparameter mit den Landnutzungsdaten zu verschneiden, mussten diese nochmals mit einem Nearest-Neighbour Resampling auf 50-m-Auflösung skaliert werden.

4.7 Felddaten

Die Geländedaten wurden während meines Aufenthaltes in der Dominikanischen Republik in der Zeit vom 06.03.2003 – 20.03.2003 aufgenommen. Ein weiterer Aufenthalt fand im Vorjahr im Rahmen eines Geländekurses vom 20.02.2002 - 20.03.2002 statt.

Die Aufnahme von Trainingsrutschungen diente zum einen zu einer stichprobehaften Kontrolle der aus den Satellitenbildern bzw. dem DGM gewonnenen Daten, zum anderen sollte ein praxisbezogener Einblick in die Thematik gewonnen werden.

Insgesamt wurden während des Feldaufenthalts acht Trainingsrutschungen kartiert und beprobt. Davon lagen sieben Rutschungen im Gebiet La Sal, welches im Einzugsgebiet des Rio Jimenoa, an der östlichen Grenze des Untersuchungsgebietes, liegt. Die achte Rutschung lag nahe des Ortes La Ciénaga am Rio Yaque del Norte.

Die Trainingsrutschungen wurden in erster Linie nach ihrer Erreichbarkeit ausgewählt, wobei beachtet wurde, möglichst alle Hauptexpositionen (Nord, Ost, Süd, West) abzudecken. Das Gelände war zu großen Teilen mit Stacheldrahtzaun eingezäunt.

Vor dem Betreten wurden die Besitzer oder die Aufseher des Landes um Erlaubnis gefragt und soweit dies sprachlich möglich war in das Vorhaben eingeweiht, wobei ich einerseits freundliche Hilfsbereitschaft und aber auch eine Unsicherheit der Menschen über mein Vorhaben bemerkte.

Die untersuchten Rutschungen wurden im Verlauf der Kartierung durchnummeriert und die UTM-Koordinaten mit Hilfe eines GPS aufgenommen. Die Rutschungen wurden im Gelände auf einem Satellitenbildausschnitt verzeichnet.

Außerdem wurde die Hangneigung mit einem Hangneigungsmesser und die Hangexposition mit einem Kompass bestimmt sowie die Höhe der Abrissnische und die Größe (Länge und Breite) der Rutschung geschätzt. Weiterhin wurden für jeden Standort Vegetation und Landnutzung aufgenommen sowie die Art der Rutschbewegung.

Besonderheiten wurden ebenfalls notiert und von allen Rutschungen wurden Fotos mit einer Digitalkamera gemacht (siehe Rutschungsprotokolle/ Anhang).

Von jeder Rutschung wurden mit einem Messer Bodenproben in der Abrissnische genommen und in beschriftete Tüten verPACKt. Weiterhin wurde für sieben Rutschungen zusätzlich am unteren Ende der Rutschung eine Probe genommen und für drei Rutschungen wurden aufgrund ihrer Größe bzw. ihrer besonderen Form insgesamt drei Proben genommen. Geplant war eine Probennahme mit einem 100-ml Stechzylinder, um die Lagerungsdichten der Proben gravimetrisch im Labor zu bestimmen. Aufgrund der extremen Trockenheit, die eine starke Verhärtung der Böden bewirkte, konnte dies jedoch nicht erfolgen.

Die Proben wurden im Labor einer Korngrößenanalyse (kombinierte Sieb- und Pipettanalyse nach Köhn) unterzogen (Tab. 2).

Die Trainingsrutschungen lagen zum Teil an gegenüberliegenden Hängen, als geologisches Ausgangssubstrat ist in der Geologischen Karte für alle Rutschungen Granodiorit angegeben. Die Korngrößenanalyse ergibt, dass die Bodenarten im Oberboden kleinräumig zwischen lehmigen Sanden, tonigen oder sandigen Lehmen und Schluffen stark variieren.

Tab. 2: Korngrößenverteilung und Bodenart der Bodenproben

PROBE	RUTSCHUNG	SAND %	SCHLUFF %	TON %	BODENART
1	1	73,38	20,06	6,56	Sl2
2	1	62,17	27,38	10,45	Sl3
3	2	21,71	64,83	13,46	Uls
4	2	15,02	74,05	10,92	Ut2
5	3	29,32	53,29	17,38	Lu
6	3	38,93	53,12	7,95	Us
7	3	12,64	53,74	33,61	Tu3
8	4	70,84	23,45	5,70	Sl2
9	4	71,11	21,54	7,35	Sl2
10	4	76,91	19,62	3,47	Su2
11	5	27,77	30,59	41,63	Lt3
12	5	39,67	33,81	26,53	Lt2
13	6	53,50	28,81	17,70	Ls4
14	6	76,44	18,60	4,96	Su2
15	7	52,43	26,30	21,27	Ls4
16	7	62,96	23,13	13,90	Sl4
17	7	64,47	23,01	12,52	Sl4
18	8	48,89	37,17	13,94	Sl4

4.8 Geräte

- Global Positioning System (GPS): GPS 12/ Personal Navigator der Firma GARMIN (Kansas/ USA). Die Genauigkeit des Gerätes liegt für die aufgenommenen Punkte zwischen +/- 5 -10m.
- Klinometer: Gefällemesser Meridian der Firma Meridian (Biel/ Schweiz)
- Kompass: Marschkompass der Firma F.W.Breithaupt & Sohn (Kassel/ Deutschland)

4.9 Software

- SAGA (System for an Automated Geo-Scientific Analysis), Version 1.0 LiTe der AG Geosystemanalyse Göttingen
- Arc View GIS, Version 3.2 der Firma ESRI (Environmental Systems Research Institute)
- PCI Geomatica, Version 8.2 der Firma PCI Geomatics
- EXCEL, Version 2000 der Firma Microsoft
- IDRISI, Version IDRISI 32, Clark Labs

5 Methodischer Ansatz und Modellentwicklung

5.1 Forschungsstand Modellansätze

Nach dem methodischen Ansatz lassen sich grundsätzlich Prozess- und Dispositionsmodell unterscheiden (Abb.26) (KIENHOLZ 1993).

Prozessmodelle simulieren die Dynamik eines den Hang gefährdenden Prozesses. Dabei handelt es sich um empirische physikalische Modelle, die z.B. Geschwindigkeiten, Energien, Reichweiten und Transportwege von Gefahrenprozessen berechnen. Da die Komplexität geomorphologischer Vorgänge ein Modell schnell an seine Grenzen stoßen lässt, beruht die Integration der wichtigsten physikalischen Faktoren auf vereinfachten Modellvorstellungen (SCHMANKE 1998).

Dispositionsmodelle hingegen versuchen durch eine Berechnung (analytische Modelle) oder relative Bewertung (regionale Modelle) der Hangstabilität Gefahrenbereiche einzugrenzen. Analytische (auch deterministische) Modelle beinhalten einen großen Input an bodenmechanischen Daten (Scherfestigkeit, Wasser- und Tongehalt) und ermöglichen z.B. die genaue Standsicherheitsberechnung von Böschungen. In vielen Fällen liegen bodenmechanische Daten jedoch nicht vor oder das zu beurteilende Gebiet liegt in einem kleineren Maßstabsbereich. Regionale Gefahrenmodelle dienen zur Erstellung von Karten der Rutschungsanfälligkeit, die über die Beurteilung einzelner Standorte hinaus gehen und versuchen eine Gefahrenabschätzung für diejenigen Gebiete zu erstellen, in denen bisher noch keine Massenbewegungen aufgetreten sind (Regionalisierung) (THEIN 1998).

Die Einschätzung der relativen Gefahr erfolgt dabei durch den Vergleich der Situation in unterschiedlich definierten Flächeneinheiten der Hänge (im einfachsten Fall der Rasterzelle). Die Zonierung des untersuchten Gebietes in zwei Klassen, die Gebiete mit und ohne Voraussetzungen für Rutschungen beinhalten, stellen die einfachste Form einer Gefahrenkarte dar (SCHMANKE 1998).

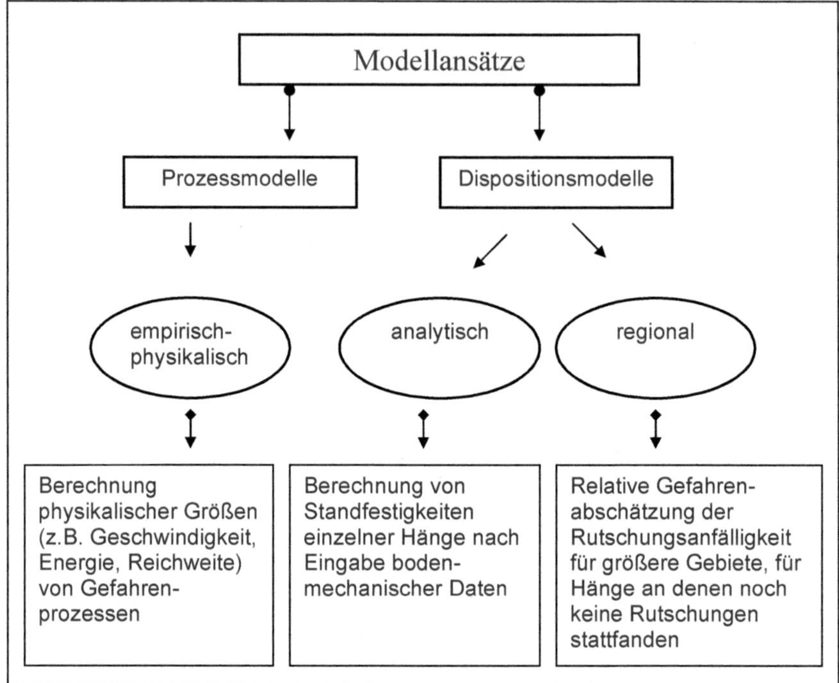

Abb. 26: Modellansätze zur Erstellung von Gefahrenkarten

Eine Karte für rutschungsgefährdete Zonen entsteht, indem die ausgewählten Faktoren mit den Rutschungslokalitäten in Beziehung gesetzt werden. Dies geschieht mittels statistischer Methoden (multiple Regression, Cluster-, Diskriminanzanalyse, relative Häufigkeit) nach einer räumlichen Überlagerung der Faktoren. Es können nun die Faktorenkombinationen mit der höchsten Anfälligkeit ermittelt und die Bewertung der Hangrutschungsgefahr auf Gebiete übertragen werden, in denen noch keine Rutschungen aufgetreten sind (VAN WESTEN 1997).

KIENHOLZ (1977) und GRUNDER (1984) betrieben Grundlagenforschung zur Erstellung von Gefahrenkarten, indem sie den geomorphologischen Formenschatz zur Abgrenzung von Gefahrenbereichen nutzten. 1979 haben NILSEN in einer weiterführenden Stufe Relief- und Vegetationsparameter einbezogen.

Einen weiteren Schritt stellt die Verknüpfung statistischer Methoden mit einem GIS dar, hierzu hat CARRARA (1983) wesentliche Beiträge geleistet.

Umfangreiche Arbeiten mit einem DHM wurden von Bartsch & DIKAU (1989) durchgeführt, in dem sie aus diesem topographische Faktoren abgeleitet und in ihr Modell einbezogen haben.

THEIN entwarf 1994 eine Hangrutschungskarte für den westlichen Bonner Raum. Aus Häufigkeitsanalysen des Auftretens von Rutschungen in verschiedenen Substraten und Hangneigungsklassen wurde ein einfaches Bewertungsschema entwickelt, das zusätzlich hydrologische und anthropogene Parameter berücksichtigte (THEIN 1998).

In Untersuchungen von JÄGER (1998) wurden aufgrund der relativen Häufigkeit des Auftretens von Rutschungen in Abhängigkeit von bestimmten Geofaktoren sogenannte „failure rates" berechnet. Eine objektivere und genauere Identifizierung von instabilen Hängen wurde durch die Verwendung von Analyseverfahren der multivariaten Statistik erzielt.

Unter den multivariaten Techniken nimmt die „Konditionale (bedingte) Analyse" eine besondere Stellung ein. Hierbei wird das Untersuchungsgebiet in sog. Unique Condition Units (UCU) aufgeteilt. Eine UCU setzt sich aus einer bestimmten Kombination von Einflussfaktoren zusammen (wie ein Code), welche klassifiziert vorliegen. Aus einem Rutschungsinventar wird für die Rutschungsstandorte die jeweiligen UCU bestimmt. Die bedingte Wahrscheinlichkeit für eine bestimmte UCU wird berechnet, indem die Anzahl von Rutschungsstandorten dieser UCU, mit der Anzahl dieser UCU im gesamten Untersuchungsgebiet ins Verhältnis gesetzt wird (CARRARA et al 1995).

CLERICI (2002) entwickelten ein Programm basierend auf dem GIS GRASS (Geographical Research Analysis Support System), das es ermöglicht in kurzer Zeit die bedingten Wahrscheinlichkeiten bei variierenden Klassengrenzen der Einflussfaktoren zu berechnen.

MONTGOMERY & DIETRICH (1994) kombinierten ein höhenlinienabhängiges statisches hydrologisches Modell mit einem Hangstabilitätsmodell zur Ausweisung von Hangstabilitätsklassen für kohäsionslose Böden basierend auf der Hangneigung und der spezifischen Einzugsgebietsgröße.

WU & SIDLE (1995) hingegen kombinierten ein dynamisches hydrologisches Modell mit einem Hangstabilitätsmodell in einer komplexeren Form, in dem auch die Kohäsion und die Wurzeldichte miteinbezogen wurden.

TARBOTON et al. (1998) entwickelten das Modul SINMAP zur Erstellung von Geländestabilitätskarten. Das Modul läuft als Extension im GIS Arc View und berechnet die räumliche Verteilung eines „Stabilitätsindex" (SI) anhand der Hangneigung und der spezifischen Einzugsgebietsgröße sowie von Boden- und Klimaparametern (besonders hydrologischer Feuchtigkeitsparameter). Mit einem vorliegenden Rutschungsinventar kann in kurzer Zeit eine Stabilitätsklassifikationskarte für größere Regionen erstellt werden. Auch bei SINMAP handelt es sich um eine Kombination eines statischen hydrologischen Modells mit einem Hangstabilitätsmodell, jedoch arbeitet es mit rasterbasierten DGM. Kohäsion und Wurzeldichte können in die Berechnung miteinbezogen werden. Andere Boden- und Klimaparameter können in festgelegten Klassen in das Modell eingespeist werden. SINMAP ist nur zur Analyse von oberflächlichen Translationsrutschungen geeignet und benötigt immer ein Rutschungsinventar zur Kalibrierung (TARBOTON et al. 1998).

Umweltmodellierung hat generell den Vorteil, dass komplexe Zusammenhänge stark vereinfacht dargestellt werden können. Die Modellierung ist eine verhältnismäßig schnelle und günstige Analysemethode, wenn der Zeit- und Finanzierungsrahmen für eine ausgedehnte Datenaufnahme nicht vorhanden ist. Anhand von Modellergebnissen können auch Gebiete selektiert werden, in denen sich evtl. eine genauere Betrachtung oder Datenaufnahme lohnt. Jedoch kann die Modellierung nicht komplett experimentelle und Feldarbeiten ersetzen. Der gänzliche Verzicht auf einen Feldaufenthalt kann dazu führen, dass raumspezifische Aspekte übersehen werden. Es besteht oftmals die Gefahr, dass Ergebnisse relativ unkritisch akzeptiert werden. Eine Validierung der Modelle ist in vielen Fällen jedoch schwierig oder gar unmöglich (BURROUGH 1996).

5.2 Modellansatz der Gefahrenkarte des Untersuchungsgebietes

Im Rahmen meiner Diplomarbeit wurde zur Erstellung der Gefahrenkarte für das obere Einzugsgebiet des Rio Yaque del Norte ein Dispositionsmodell entwickelt.

Zunächst wurde für Teile des Untersuchungsgebietes zwei digitale Rutschungsinventare (ältere und jüngere Rutschungen) durch die Selektion und Digitalisierung einzelner Rutschungen aus Satellitenbildern angelegt. Des Weiteren wurden die Parameter Hangneigung, Einzugsgebietsgröße und Landnutzung als Eingangsparameter ausgewählt und digital erfasst. Diese wurden anschließend mit dem Rutschungsinventar der jüngeren Rutschungen korreliert.

Das Modell geht davon aus, dass die Rutschungsgefährdung eines Hanges von der kombinierten Wirkung der unterschiedlichen Faktoren abhängt. Hänge, an denen bisher noch keine Rutschungen aufgetreten sind, müssten bei ähnlichen Kombinationen der Faktoren eine potentielle Rutschungsgefahr aufweisen. Um die relative Rutschanfälligkeit zu ermitteln, wurde das Auftreten von Hangrutschungen innerhalb eines Faktors in Beziehung zur Häufigkeit seines Gesamtauftretens gesetzt (vergl. THEIN 1998).

Auslösende Faktoren wie Starkniederschläge wurden nicht in die Untersuchung einbezogen, da lediglich unstabile Zonen selektiert werden sollten. Es sollte nicht berechnet werden, wann es zu einer Rutschung kommt.

In einem GIS wurden die unterschiedlichen Informationsebenen räumlich miteinander verschnitten. Anhand der Rutschungsinventare wurde das Modell validiert, indem die relativen Häufigkeiten des Auftretens der Rutschungen innerhalb der Gefahrenklassen im Untersuchungsgebiet berechnet wurde. Je größer der Anteil der Gefahrenklasse „stark gefährdet" ist, desto höher ist die Aussagekraft der Modellergebnisse.

Abb. 27 zeigt eine schematische Darstellung des methodischen Ansatzes zur Erstellung der Gefahrenzonenkarte für das obere Einzugsgebiet des Rio Yaque del Norte.

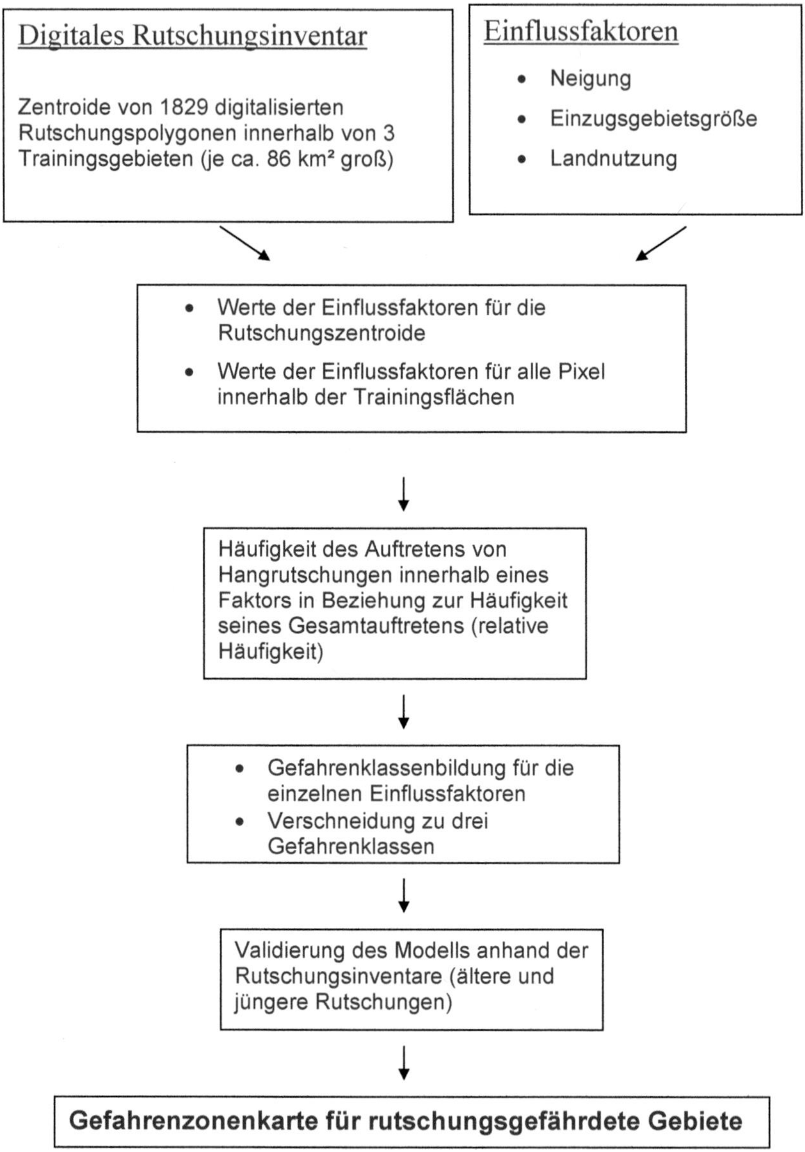

Digitales Rutschungsinventar

Zentroide von 1829 digitalisierten Rutschungspolygonen innerhalb von 3 Trainingsgebieten (je ca. 86 km² groß)

Einflussfaktoren

- Neigung
- Einzugsgebietsgröße
- Landnutzung

- Werte der Einflussfaktoren für die Rutschungszentroide
- Werte der Einflussfaktoren für alle Pixel innerhalb der Trainingsflächen

Häufigkeit des Auftretens von Hangrutschungen innerhalb eines Faktors in Beziehung zur Häufigkeit seines Gesamtauftretens (relative Häufigkeit)

- Gefahrenklassenbildung für die einzelnen Einflussfaktoren
- Verschneidung zu drei Gefahrenklassen

Validierung des Modells anhand der Rutschungsinventare (ältere und jüngere Rutschungen)

Gefahrenzonenkarte für rutschungsgefährdete Gebiete

Abb. 27: Schematische Darstellung des Modellansatzes zur Erstellung der Gefahrenzonenkarte für das obere Einzugsgebiet des Rio Yaque del Norte

5.3 Modellentwicklung

5.3.1 Rutschungsinventarisierung

Als Grundlage zur Berechnung der Klassengrenzen für die Gefahrenzonen sowie zur späteren Validierung des Modells, wurden zu Beginn der Analyse zwei Rutschungsinventare angelegt. Dazu wurden in drei Trainingsgebieten (Abb. 28) aus den Ikonosszenen Rutschungsflächen selektiert und als Polygone in dem Programm ArcView digitalisiert. Insgesamt wurden 2534 Rutschungen kartiert (705 ältere, 1829 jüngere). Davon lagen 411 in Gebiet 1 (102 ältere, 309 jüngere), 2030 in Gebiet 2 (575 ältere, 1456 jüngere) und 92 in Gebiet 3 (28 ältere, 64 jüngere).

Die Rutschungen wurden als Polygone digitalisiert, um die Größenverhältnisse der abgerutschten Flächen abschätzen zu können, und um durch die Bestimmung der Zentroide der Polygone eine exakte Lage der Rutschungen zu gewährleisten. In Arc View wurden die Größen der Rutschungen mit dem Modul „X-Tools 6/1/01“ (ESRI 2003) berechnet. Daraus wurde die Summe der Rutschungsflächen, die mittlere Größe der Flächen sowie die Spanne der Größen der Rutschungsflächen berechnet. Außerdem wurde der prozentuale Anteil der Rutschungsgebiete an der Gesamtgröße der Trainingsflächen bestimmt (Kap. 7.5).

Die Trainingsgebiete ragen zum Teil über das Einzugsgebiet des Rio Yaque del Norte hinaus, da so eine stärkere Variabilität in der Ausprägung der Einflussfaktoren gewährleistet ist:

- Gebiet 1 (87,91 km²) liegt im Westen des Untersuchungsgebietes und weist Höhen von bis zu über 3000 m ü. NN auf.
- In Gebiet 2 (86,85 km²), im Osten des Untersuchungsgebietes, erhebt sich eine Berglandschaft bis in Höhen von um 1000 m ü. NN.
- Gebiet 3 (86,66 km²) schließlich stellt eine Hügellandschaft mit Erhebungen um 600 – 900 m ü. NN dar.

Eine detaillierte Beschreibung der Ausprägung der Relieffaktoren und der Landnutzung innerhalb der Trainingsflächen folgt in Kap. 6.1 .

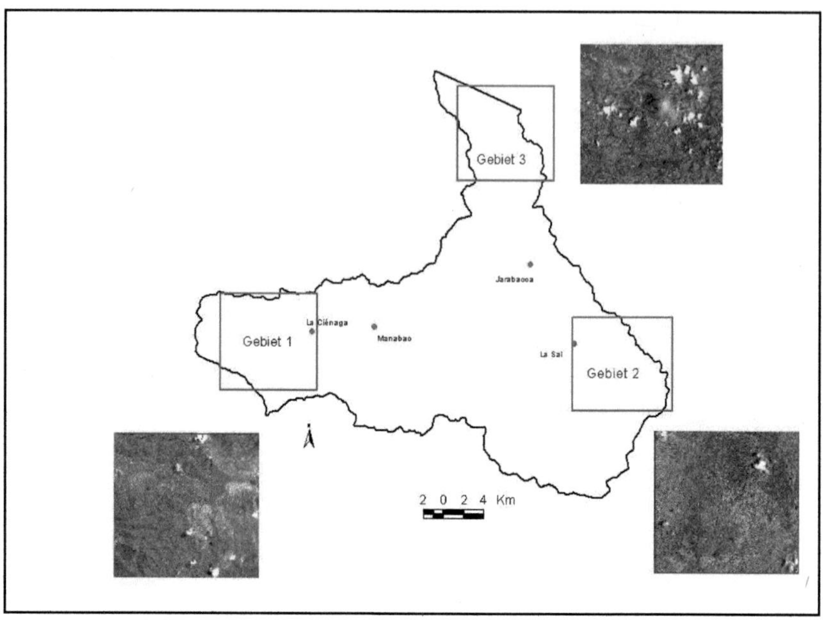

Abb. 28: Skizze der Lage der Trainingsgebiete im Untersuchungsgebiet mit zugehörigen Satellitenbild-ausschnitten

Die Selektion der Rutschungsflächen aus den Satellitenbildern begründete sich zum einen auf die visuelle farbliche Abgrenzung gegenüber der Umgebung, zum anderen auf eine geometrische Abgrenzung. Die Rutschungen sahen zum Teil wie eingesunken aus.

Bei der Inventarisierung wurde unterschieden zwischen relativ jüngeren und älteren Rutschungsgebieten, d.h. es entstanden zunächst zwei Rutschungsinventare. Die jüngeren und älteren Rutschungen konnten ebenfalls durch farbliche Unterschiede voneinander separiert werden. Die jüngeren Rutschungen sahen hell und sandfarben, die älteren hingegen sahen aufgrund von aufkommender Vegetation dunkler und grünlich aus (Abb. 29).

Aufgrund des „Ground Check“ konnte diese Unterscheidung gut nachvollzogen werden. Die im Gelände mit den GPS-Passpunkten kartierten Rutschungen konnten auf dem Satellitenbild wiedergefunden werden und als Basis für die Kartierung der Rutschungen aus dem Satellitenbild verwendet werden (Abb. 29, rote Punkte). Es ist zu ersehen, dass die GPS-Punkte der im Gelände aufgenommenen Rutschungen, nicht immer mit der Lage der Rutschungen auf dem Ikonosbild übereinstimmen.

Abb. 29: Ausschnitt aus Gebiet 2 um La Sal (1-m-Auflösung). Die roten Punkte markieren die während des Feldaufenthalts beprobten Rutschungen. Weiß umrandet sind die aus dem Satellitenbild kartierten jüngeren Rutschungen, die rosafarben umrandeten Flächen sind die älteren Rutschungen (Aufnahmedatum: 16.04.2001, Maßstab ca. 1:5000)

In Gebiet 1 und 3 wurden zur Digitalisierung der Rutschungsflächen multispektrale Ikonos-Szenen (Szene Nr.1 und Nr.2 in Gebiet 1; Szene Nr.3 in Gebiet 3) in einer 4-m-Auflösung verwendet, für das Gebiet 2 hingegen ein Verschnitt aus einer 1-m-panchromatischen mit der 4-m-multispektralen Ikonos-Szene (Szene Nr.3), die letztendlich farbig in einer 1-m-Auflösung vorlag. Da die farbliche Abgrenzung der Rutschungen zur Umgebung ausschlaggebend war, konnten die panchromatischen Bilder zur Selektion nicht grundsätzlich, sondern nur zur Kontrolle einbezogen werden.

4,1% der Trainingsflächen waren zum Zeitpunkt der Aufnahme durch Wolken bzw. durch den Schattenwurf der Wolken verdeckt (Abb.28). Diese Fläche wurde nicht von der Gesamttrainingsfläche abgezogen, so dass sich an dieser Stelle ein Fehler in der Datengrundlage auftritt.

5.3.2 Berechnung der relativen Häufigkeiten des Auftretens von Rutschungen für verschiedene Parameter

Die Auswahl der verwendeten Parameter wurde zunächst durch die vorliegende Datengrundlage begrenzt. Lediglich die aus den Digitalen Höhenmodellen abgeleiteten Reliefparameter und die Landnutzung konnten zur Berechnung herangezogen werden. Eine Bodenkarte lag für das bearbeitete Gebiet leider nicht vor.

Die relativen Häufigkeiten des Auftretens von Rutschungen für die einzelnen Parameter wurden zur genaueren Auswahl der verwendeten Parameter für die Gefahrenzonenkarte sowie zur Abgrenzung der Gefahrenklassen für die Gefahrenkarte berechnet.

Zur Berechnung wurden zunächst für die digitalisierten Polygone der jüngeren kartierten Rutschungen (insgesamt 1829) die Polygonzentroide im Programm SAGA berechnet. Um die relative Häufigkeit des Auftretens zu berechnen wurden für die Pixel, in denen die Zentroide der Rutschungspolygone lagen, die Werte der Einflussfaktoren in eine Tabelle herausgeschrieben.

Für die Reliefparameter wurde für sämtliche Rasterzellen, die innerhalb der Trainingsgebiete lagen, in festgelegten Klassengrenzen berechnet, wie viele Rasterzellen in jede Klasse fallen. Diese Klassengrenzen wurden für unterschiedliche Variationen von Klassenbreiten und Anzahl der Klassen für alle reliefabhängigen Parameter berechnet. Damit sollte erstens herausgefunden werden, ob sich deutliche Unterschiede der relativen Häufigkeiten in verschiedenen Klassenbreiten ergeben, und ob es generell zum Auftreten von Maxima in bestimmten Klassen kommt. Zweitens sollte so eine Auswahl von sinnvollen Klassenbreiten für die zur Analyse ausgewählten Parameter getroffen werden.

Die Reliefparameter wurden sowohl aus dem TK50-DGM als auch aus dem SRTM-DGM berechnet, so dass am Ende zwei komplette Datensätze zur Erstellung zweier Gefahrenzonenkarten vorlagen.

Für den Faktor Landnutzung wurde berechnet, wie viele Pixel jeder einzelnen Landnutzungsklasse (fünf Klassen) innerhalb der Trainingsflächen lagen, um die relative Häufigkeit des Auftretens zu berechnen.

Aus diesen Werten wurde die relative Häufigkeit nach folgender Formel im Programm EXCEL berechnet:

rH = R/ RZ

wobei rH die Relative Häufigkeit, R die Anzahl der Rutschungspolygone einer bestimmten Klasse und RZ die Anzahl der Rasterzellen dieser Klasse sind.

Dies geschah für die Parameter:

- Hangneigung
- Exposition
- Wölbung
- Konvergenzindex
- Einzugsgebietsgröße
- Landnutzung

5.3.3 Auswahl der Eingangsparameter

Die Parameter zur Erstellung der Gefahrenzonenkarte wurden einerseits nach ihrer empirischen Einflussstärke auf die Rutschungsgefährdung ausgewählt, andererseits wurde die Auswahl der Reliefparameter durch die Ergebnisse der Berechnungen der relativen Häufigkeiten mitgesteuert.

Für die Faktoren Exposition, Wölbung und Konvergenzindex war eine Gefahrenklassenbildung nicht möglich, da es keine herausragenden Maxima bzw. Minima innerhalb der relativen Häufigkeitsverteilung gab.

In Kapitel 3.2 wurde beschrieben welche Einflussfaktoren im Zusammenspiel die Rutschungsanfälligkeit bestimmen. Für die Erstellung der Gefahrenkarte wurden nach der Berechnung der relativen Häufigkeit des Auftretens von Rutschungen drei Faktoren ausgewählt:

- Hangneigung
- Einzugsgebietsgröße (EGG)
- Landnutzung

Die Hangneigung wird von vielen Autoren als einer der wichtigsten Einflussfaktor für die Rutschungsanfälligkeit von Hängen angesehen (Kap. 3.2). Die Hangneigung ist ein primärer Reliefparameter, da sie direkt aus den Höhenwerten des DGM abgeleitet wird (CONRAD 1998). Sie beschreibt den Neigungswinkel (Gefälle) in Winkelgraden für einen Hang gegenüber einer gedachten Horizontalfläche (LESER 1998).

Da die Rutschungsgefährdung ebenfalls von der Wassersättigung des Bodens gesteuert wird, wurde der Faktor Einzugsgebietsgröße (EGG) zur Bestimmung der Rutschungsdisposition mit herangezogen. Die EGG ist ein Maß für die Größe des Gebietes, aus dem eine Rasterzelle Abfluss erhält. Für jede Rasterzelle lassen sich die Rasterzellen bestimmen, aus denen die betrachtete Zielrasterzelle Abfluss erhält. Alle diese Rasterzellen zusammen bilden die EGG der Zielrasterzelle (SCILANDS 2003). Die Einheit ist m^2 bzw. ha.

Der Parameter Landnutzung beschreibt die Vegetationsart und –dichte sowie eine etwaige Bearbeitung des Bodens, so dass auch sie als wichtiger Einflussfaktor in die Analyse einbezogen wird. Eine geschlossene Vegetationsdecke sowie ein stark und tief durchwurzelter Boden wirkt der Rutschungsdisposition entgegen.

5.3.4 Gefahrenklassenbildung

Für jeden Faktor wurden nun ausgehend von der relativen Häufigkeitsverteilung Klassen gebildet. Am Ende sollen sich, durch die Verschneidung der Klassen der einzelnen Faktoren miteinander, drei Gefahrenklassen ergeben (schwach/ mittel/ stark gefährdet). Jedes Pixel der Gefahrenzonenkarte wird dabei in eine Gefahrenklasse einordnet (außer es fällt in die Klasse „keine Daten").

Anhand von Schwellenwerten, die sich aus der Verteilung der relativen Häufigkeiten ergaben, wurden die Parameter Hangneigung und Einzugsgebietsgröße in je zwei Klassen (-/ +) eingeteilt. Der Faktor Landnutzung wurde in drei Klassen eingeteilt (-/ +/ keine Daten) (Tab. 3).

In Tab. 3 sind die Kombinationen der Klassen der Faktoren Hangneigung, Einzugsgebietsgröße und Landnutzung beschrieben.

Tab. 3: Kombinationen der Gefahrenklassen der einzelnen Einflussfaktoren Hangneigung, Einzugsgebietsgröße und Landnutzung

Landnutzung / Einzugsgebietsgröße	Klasse 1	Klasse 2	Keine Daten	Hangneigung
Klasse 1	- - -	- + -	0	Klasse 1
Klasse 2	+ + -	+ + +	0	Klasse 2
Klasse 1	- - +	- + +	0	Klasse 2
Klasse 2	+ - -	+ + -	0	Klasse 1

Die Kombination (+++) wurde als „stark gefährdet", die Kombinationen (--+/ -++) als „mittel gefährdet" und die Kombination (---) als „schwach gefährdet" ausgewiesen. Damit ergeben sich drei Gefahrenklassen sowie die Klasse „keine Daten".

5.3.5 Validierung des Modells

Zur Validierung des Modells wurde die relative Häufigkeit des Auftretens von Rutschungen im Untersuchungsgebiet aus den beiden Rutschungsinventaren in den einzelnen Gefahrenklassen berechnet. Zunächst wurden dafür mit dem Programm SAGA für beide Gefahrenkarten für die Zentroide der Rutschungspolygone mit der Nearest Neighbour Methode berechnet, wie viele Rutschungen in welche Gefahrenklasse fallen. Mit dem Programm IDRISI wurde im Modul „GIS Analysis" für beide Gefahrenkarten berechnet, wie viele Pixel in die jeweilige Gefahrenklasse fallen.

Daraufhin wurde die relative Häufigkeit aus dem zweiten Inventar (das die älteren Rutschungen enthält) bestimmt, da dieses nicht in die Berechnung der Gefahrenklassen eingegangen ist. Außerdem wurde dies für das Inventar der jüngeren Rutschungen durchgeführt, aus dem das gesamte Modell abgeleitet wurde. Zuletzt wurde die relative Häufigkeit von sämtlichen kartierten Rutschungen bestimmt. Im Programm EXCEL wurde dazu die Anzahl der Rutschungen in einer Gefahrenklasse mit der Anzahl der gesamten Pixel, die in dieser Klasse im Untersuchungsgebiet auftreten, ins Verhältnis gesetzt (vergl. Kap. 5.3.2).

Das Modell soll danach bewertet werden, wie groß die relative Häufigkeit des Auftretens von Rutschungen in der Gefahrenklasse „stark gefährdet" ist.

Je höher der Anteil der Gefahrenklasse „stark gefährdet“ ist, desto besser wird die Vorhersage der Rutschungsdisposition eingeschätzt, da erwartet wird, dass die Flächen auf denen bereits Rutschungen aufgetreten sind als „stark gefährdet“ ausgewiesen sein müssen.

5.3.6 Erstellung der Gefahrenzonenkarte

Zunächst wurden für die einzelnen Faktoren im Programm Geomatica mit dem Modul PCI Modeler/ Funktion THR für jeden Parameter die Klassen durch Eingabe von Schwellenwerten erfasst. Diese wurden daraufhin mit der Funktion BLO, wie in Tab. 3 beschrieben, miteinander kombiniert.

Um dies zu ermöglichen, musste die Landnutzungskarte in ein 50-Meter-Raster umgewandelt werden. Dies wurde mit dem Modul Geomatica Focus/ Reproject mit der Nearest Neighbour Methode durchgeführt.

Zur Verschneidung in Geomatica mussten im Modul Geomatica Focus/ Subset file alle Layer auf eine einheitliche Größe mit identischen Eckkoordinaten gebracht werden.

Zuletzt wurden mit dem Modul Image Works die Gefahrenklassen in einem Bild zusammengefasst und als geocodierte TIFF-Datei exportiert.

6 Ergebnisdarstellung

6.1 Relative Häufigkeitsverteilung der ausgewählten Parameter

Im Folgenden wird zunächst die Ausprägung der einzelnen Parameter innerhalb des Untersuchungsgebietes und der Trainingsflächen beschrieben.

Anschließend werden die Verteilungen der relativen Häufigkeiten des Auftretens von Rutschungen innerhalb der einzelnen Klassen der Parameter Hangneigung, Einzugsgebietsgröße und Landnutzung tabellarisch sowie graphisch dargestellt und erläutert. Aus diesen Werten wurden die Gefahrenklassen (-) und (+) der einzelnen Parameter (Kap. 5.4.4) durch die empirischen festgelegten Schwellenwerte abgeleitet. Für die Parameter Hangneigung und EGG mussten zuerst Klassengrenzen, innerhalb welcher die relativen Häufigkeiten des Auftretens von Rutschungen bestimmt wurden, für die Hangneigungsklassen bzw. die Klassen der EGG festgelegt werden. Dafür wurden mehrere Variationen der Klassenbreiten und Anzahl der Klassen betrachtet. Die Verteilung der relativen Häufigkeiten für sämtliche Variationen verlief ähnlich, so dass schließlich die Festlegung auf die ausgewählten Klassengrenzen, in einem sinnvollen Verhältnis von Klassenbreite und Klassenanzahl, begründet wird.

6.1.1 Hangneigung

Abb. 30 und 31 zeigen die Hangneigungswerte im Untersuchungsgebiet, berechnet aus den beiden DGM.

Im Westen ist das Untersuchungsgebiet stark reliefiert. Nördlich des Rio Yaque del Norte (im Norden von Trainingsgebiet 1) treten die größten Hangneigungen auf. Westlich an das Gebiet 1 anschließend, sind entlang des Rio Yaque del Norte geringere Hangneigungswerte nahe der Siedlung Manabao vorzufinden. Auch das Gebiet um Jarabacoa weist große Flächen mit geringen Hangneigungswerten auf. Südlich davon zieht sich am Rio Yaque ein weiterer Bereich entlang, in dem steilere Hänge vorherrschend sind. Es schließt sich weiter südlich das Trainingsgebiet 2 mit mittleren Hangneigungswerten an, welches im Süden wieder in ein Gebiet mit geringen Hangneigungen übergeht. Nördlich von Jarabocoa innerhalb des Trainingsgebietes 3 sind entlang des Rio Yaque relativ steile Bereiche vorzufinden. Östlich und nördlich davon sind Bereiche mit mittleren und nahe der Presa de Taveras Bereiche mit geringen Neigungswerten vorherrschend .

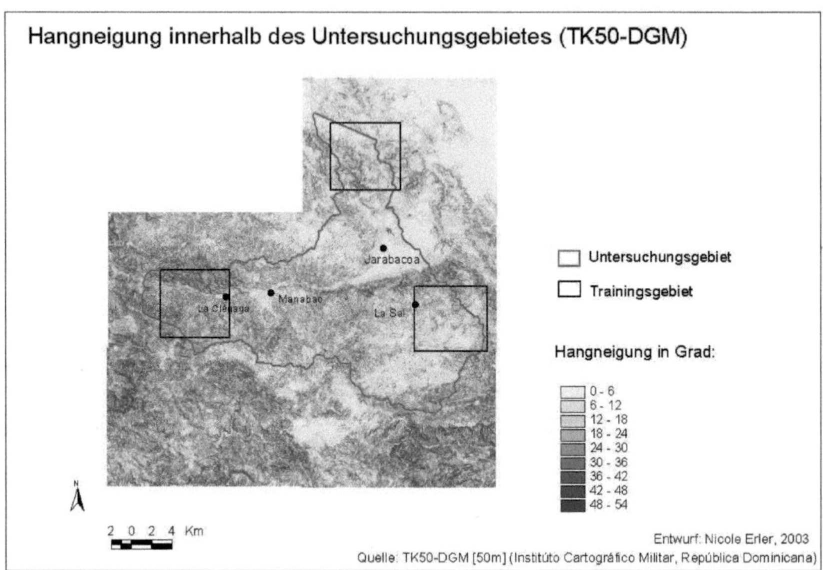

Abb. 30: Neigungsstärken innerhalb des Untersuchungsgebietes für das TK50-DGM (Quelle: Institúto Cartográfico Militar, República Dominicana)

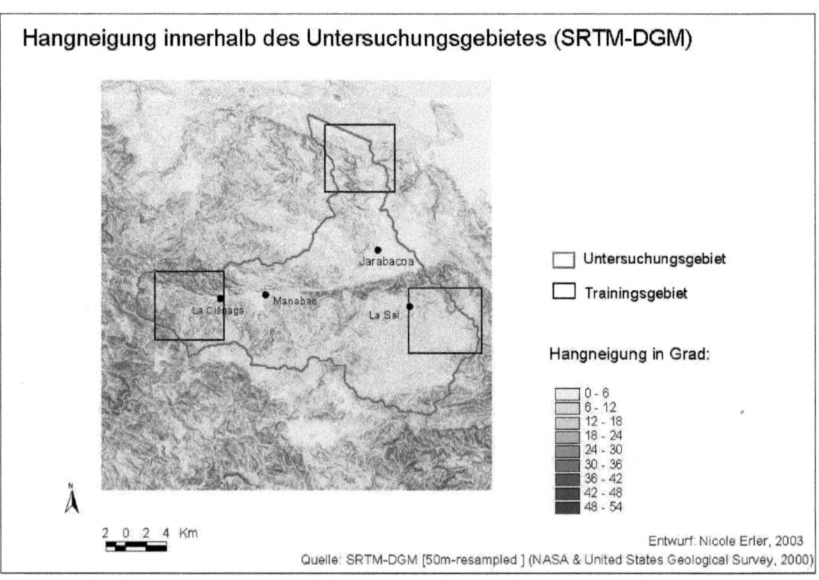

Abb. 31: Neigungsstärken innerhalb des Untersuchungsgebietes für das SRTM-DGM (Quelle: NASA & USGS)

Vergleicht man die beiden Abbildungen so wird deutlich, dass zum einen die SRTM-Daten „geglättet“ wirken, was auf das Resampling von einer 90-Meter-Auflösung auf eine 50-Meter-Auflösung zurückzuführen ist. Bei der Interpolation wird durch die Mittelung der Höhenwerte die räumliche Variation der Höhenwerte „gedämpft“. Nach der Ableitung der Neigungswerte wird dies ebenfalls deutlich. Zum zweiten fällt auf, dass die Daten des TK50-DGM im gesamten abgebildeten Bereich größere Neigungswerte annehmen.

Die Spanne der Hangneigungswerte lag für das TK50-DGM zwischen 0 ° und 51,5 ° für die Pixel der Trainingsflächen und zwischen 0,6 ° und 45 ° für die Pixel mit Rutschungen. Für das SRTM-DGM lag die Spanne zwischen 0,01 ° und 52,7 ° für die Pixel der Trainingsflächen und für die Pixel mit Rutschungen zwischen 0,6 ° und 36,9 °.

Zur Berechnung der relativen Häufigkeit des Auftretens von Rutschungen wurde die Klassenbreite von 6 ° mit einer Anzahl von 9 Klassen empirisch festgelegt (Abb. 32).

In Tab. 4 und 5 ist die Anzahl der Pixel in den einzelnen Gebieten, die Anzahl der vorkommenden Rutschungen sowie die berechnete relative Häufigkeit der Anzahl der Rutschungen innerhalb der Trainingsgebiete für die unterschiedlichen Hangneigungsklassen, berechnet aus beiden DGM-Datensätzen dargestellt.

Tab. 4: Anzahl der Pixel in den einzelnen Gebieten, Anzahl der vorkommenden Rutschungen sowie berechnete relative Häufigkeit der Anzahl der Rutschungen innerhalb der Trainingsgebiete für die Hangneigungsklassen, berechnet aus dem TK50-DGM

TK50-DGM Hangneigungsklassen in °	Anzahl der Pixel Gebiet 1	Anzahl der Pixel Gebiet 2	Anzahl der Pixel Gebiet 3	Summe der Pixel Gebiet 1-3	Anzahl der kartierten Rutschungen	Rel. Häuf. der Anzahl der Rutschungen in %
0-6	623	4168	6069	10860	111	**1,02**
<6-12	2384	9526	9518	21428	408	**1,90**
<12-18	5072	10164	8490	23726	537	**2,26**
<18-24	8491	7389	5740	21620	438	**2,03**
<24-30	9615	3077	3151	15843	214	**1,35**
<30-36	6353	818	1381	8552	82	**0,96**
<36-42	2252	92	361	2705	35	**1,29**
<42-48	345	10	52	407	4	**0,98**
<48	9	0	0	9	0	**0,00**

Tab. 5: Anzahl der Pixel in den einzelnen Gebieten, Anzahl der vorkommenden Rutschungen sowie berechnete relative Häufigkeit der Anzahl der Rutschungen innerhalb der Trainingsgebiete für die Hangneigungsklassen, berechnet aus dem SRTM-DGM

SRTM-DGM Hangneigungs-klassen in °	Anzahl der Pixel Gebiet 1	Anzahl der Pixel Gebiet 2	Anzahl der Pixel Gebiet 3	Summe der Pixel Gebiet 1-3	Anzahl der kartierten Rutschungen	Relative Häufigkeit der Anzahl der Rutschungen in %
0-6	1266	5964	9258	16488	134	**0,81**
<6-12	4940	14737	14463	34140	694	**2,03**
<12-18	9973	10020	6791	26784	648	**2,42**
<18-24	9952	3506	2762	16220	245	**1,51**
<24-30	6191	922	1125	8238	79	**0,96**
<30-36	2519	95	324	2938	25	**0,85**
<36-42	280	0	26	306	4	**1,31**
<42-48	20	0	6	26	0	**0,00**
<48	3	0	7	10	0	**0,00**

In Gebiet 1 häuft sich die Anzahl der vorkommenden Neigungswerte zwischen > 6-36 °, hier sind gleichzeitig die höchsten Neigungswerte am häufigsten vorzufinden.

In Gebiet 2 hingegen konzentrieren sich die Neigungswerte auf den Wertebereich 0-24 °. Werte, die eine Hangneigung von 36 ° übersteigen, treten kaum auf.

In Gebiet 3 ist der Wertebereich von 0-24 ° ebenfalls ausgeprägt, jedoch kommt auch eine größere Anzahl an Neigungswerten über 36 ° vor.

Betrachtet man die Verteilung der Anzahl der vorkommenden Neigungswerte innerhalb der Klassen für das gesamte Trainingsgebiet so ist festzustellen, dass es zu einem Maximum im Wertebereich > 6-18 ° kommt, weiterhin tritt ein große Anzahl von Neigungswerten der Klassen „0-6 °“ sowie „> 18-24 °“ auf. Neigungswerte > 24 ° kommen seltener vor.

Es ist zu bemerken, dass für das SRTM-DGM die Summe der Anzahl der Pixel in Gebiet 1-3 in den kleineren Neigungsklassen die des TK50-DGM übersteigt. Äquivalent dazu ist die Summe der Pixel in den höheren Neigungsklassen für das TK50-DGM größer.

Die Verteilung der kartierten Rutschungen auf die Hangneigungsklassen in den Trainingsgebieten stellt sich ähnlich dar. Im Wertebereich > 6-24 ° treten die meisten Rutschungen auf. An Hängen mit einer Neigung zwischen 0-6 ° bzw. > 24-30 ° sind ebenfalls Rutschungsbereiche vorzufinden. Im Wertebereich > 30 ° treten seltener Rutschungen auf.

Die Rutschungsgefährdung in einer bestimmten Hangneigungsklasse kann jedoch erst beurteilt werden, wenn die Anzahl der Rutschungen in dieser Klasse mit der Anzahl der gesamten Pixel dieser Klasse ins Verhältnis gesetzt wird.

In Abb. 32 ist die relative Häufigkeit des Auftretens von Rutschungen innerhalb der Trainingsgebiete für verschiedene Hangneigungsklassen vergleichsweise für die Datensätze der beiden DGM dargestellt.

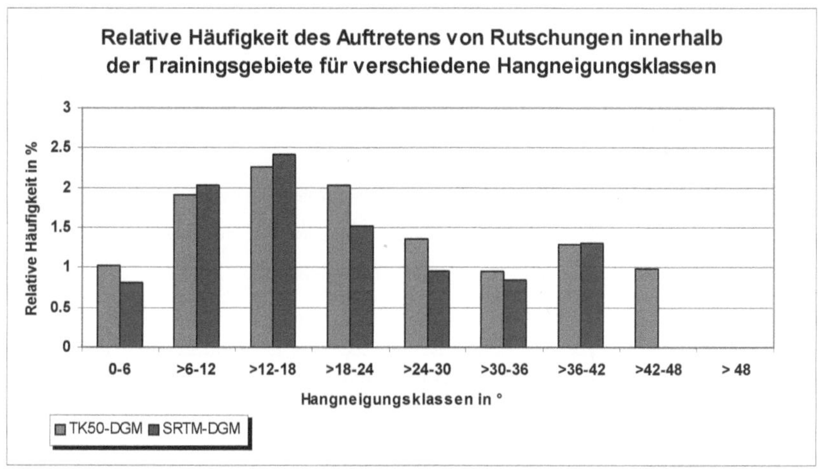

Abb. 32: Relative Häufigkeit des Auftretens von Rutschungen innerhalb der Trainingsgebiete für verschiedene Hangneigungsklassen, berechnet aus dem TK50-DGM und aus demSRTM-DGM

Die Hangneigungswerte > 6-24 ° sind mit jeweils über 1,5 % relativer Häufigkeit am stärksten vertreten, wobei in der Klasse „> 12-18 °" mit weit über 2 % das Maximum erreicht wird. Für die Hangneigungsklassen „> 24-30 °" und „> 36-42 °" liegen die Werte der relativen Häufigkeit zwischen 1-1,5 %, für die Klassen „0-6 °" und „> 30-36 °" sowie „> 42-48 °" treten Werte von 0 bis etwas über 1 % auf. In den oberen beiden Klassen wurde aus dem SRTM-DGM kein Auftreten einer Rutschung berechnet. Dies gilt ebenfalls für die Klasse „> 48 °" des TK50-DGM.

Zur Abgrenzung der Gefahrenklassen (+) und (-) für den Parameter Hangneigung wurde der Schwellenwert 1,5 % der relativen Häufigkeit empirisch festgelegt. In die Gefahrenklasse (+) fallen die Neigungsklassen „> 6-24 °". Aus den Hangneigungsklassen „0-6 °" und „> 24 °" bildet sich die Gefahrenklasse (-).

6.1.2 Einzugsgebietsgröße

Die Abb. 33 und 34 zeigen die EGG im Untersuchungsgebiet, berechnet aus den beiden DGM. In beiden Abbildungen ist zu erkennen, dass der größte Teil des Untersuchungsgebietes EGG aufweist, die kleiner als 20 ha groß sind (hellblaue Bereiche). Nahe bzw. in den Tiefenlinien sind die Rasterzellen mit Einzugsgebietsgrößen größer als 20 ha vorzufinden (dunkelblaue Bereiche). Außerdem ergab sich bei der Berechnung ein Bereich entlang des Rio Yaque del Norte, für den keine EGG berechnet wurden, welcher als „Keine Daten" ausgewiesen ist.

In Abb. 33 (TK50-DGM) ist zu erkennen, dass ebenfalls größere Gebiete mit EGG > 20 ha in den Bereichen der größeren Siedlungen liegen. Dies ist auf die Interpolation der Höhenwerte durch Triangulation zurückzuführen, aus welchen die EGG abgeleitet wird (Kap. 4.1).

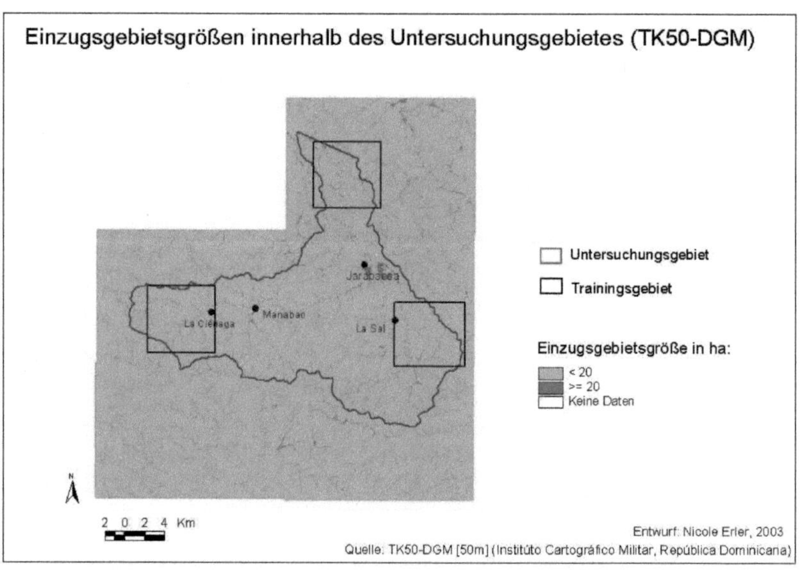

Abb. 33: Einzugsgebietsgrößen innerhalb des Untersuchungsgebietes für das TK50- DGM (Quelle: Institúto Cartográfico Militar, República Dominicana)

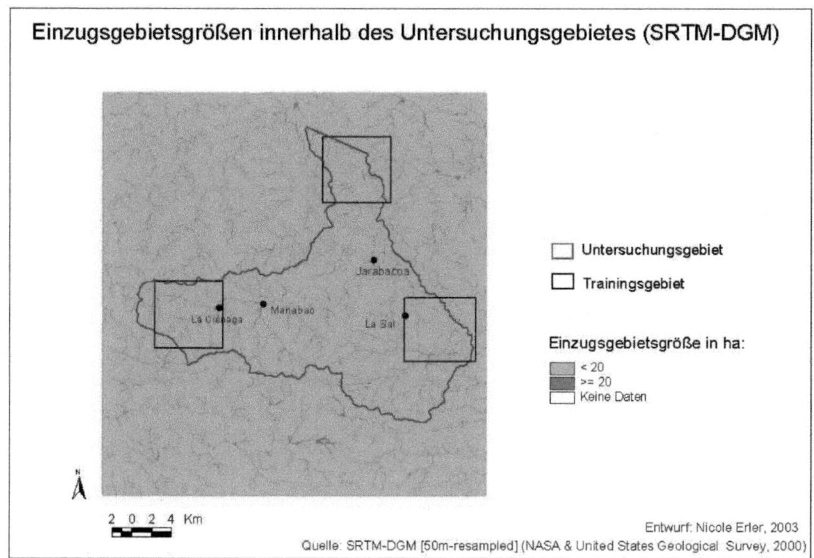

Abb. 34: Einzugsgebietsgrößen innerhalb des Untersuchungsgebietes für das SRTM-DGM (Quelle: NASA & USGS)

Die Spanne der Werte der EGG lag für das TK50-DGM zwischen 0,25 ha – 77438 ha für die Pixel der Trainingsgebiete und zwischen 0,25 ha -16407 ha für die Pixel mit Rutschungen. Die Daten berechnet aus dem SRTM-DGM nahmen Werte von 0,25 ha – 78008 ha für die Pixel der Trainingsgebiete und Werte von 0,25 ha – 3836 ha für die Pixel mit Rutschungen an.

Zur Berechnung der relativen Häufigkeit des Auftretens von Rutschungen wurde die Klasse „< 2 ha" als die unterste Klasse empirisch festgelegt, logarithmisch zunehmend, mit einer Anzahl von 5 Klassen. In die letzte Klasse fallen alle Pixel, die Werte ≥ 2000 ha aufweisen.

In Tab. 6 und 7 ist die Anzahl der Pixel in den einzelnen Gebieten, die Anzahl der vorkommenden Rutschungen sowie die berechnete relative Häufigkeit der Anzahl der Rutschungen innerhalb der Trainingsgebiete für die unterschiedlichen Klassen der Einzugsgebietsgrößen, berechnet aus beiden DGM-Datensätzen dargestellt.

Tab. 6: Anzahl der Pixel in den einzelnen Gebieten, Anzahl der vorkommenden Rutschungen sowie berechnete relative Häufigkeit der Anzahl der Rutschungen innerhalb der Trainingsgebiete für die Klassen der Einzugsgebietsgrößen, berechnet aus dem TK50-DGM

TK50-DGM Einzugsgebiets-klassen in ha	Anzahl der Pixel Gebiet 1	Anzahl der Pixel Gebiet 2	Anzahl der Pixel Gebiet 3	Summe der Pixel Gebiet 1-3	Anzahl der kartierten Rutschungen	Relative Häufigkeit der Anzahl der Rutschungen in %
<2	26446	26101	25820	78367	1414	**1,80**
2-<20	6064	6153	5825	18042	317	**1,76**
20-<200	1642	2006	2015	5663	76	**1,34**
200-<2000	728	618	516	1862	12	**0,64**
≥2000	264	366	163	1216	10	**0,82**

Tab.7: Anzahl der Pixel in den einzelnen Gebieten, Anzahl der vorkommenden Rutschungen sowie berechnete relative Häufigkeit der Anzahl der Rutschungen innerhalb der Trainingsgebiete für die Klassen der Einzugsgebietsgrößen, berechnet aus dem SRTM-DGM

SRTM-DGM Einzugsgebiets-klassen in ha	Anzahl der Pixel Gebiet 1	Anzahl der Pixel Gebiet 2	Anzahl der Pixel Gebiet 3	Summe der Pixel Gebiet 1-3	Anzahl der kartierten Rutschungen	Relative Häufigkeit der Anzahl der Rutschungen in %
<2	22267	23377	23341	68985	1297	**1,88**
2-<20	9440	8938	8507	26885	468	**1,74**
20-<200	2381	1938	1932	6251	56	**0,90**
200-<2000	824	646	402	1872	6	**0,32**
≥2000	232	345	178	1157	2	**0,17**

Die Anzahl der Pixel in den einzelnen Klassen der EGG ist für die Trainingsgebiete 1-3 für beide berechneten DGM-Datensätze sehr ähnlich (vergl. Tab. 6 und 7, Spalten 1-3).

Mehr als zwei Drittel der Rasterzellen der Trainingsgebiete haben eine EGG von < 2 ha, mehr als zwei Drittel der Rutschungen erfolgten auf Rasterzellen, die in diese Klasse fallen. Für die EGG, berechnet aus dem TK50-DGM, ist die Anzahl der Pixel in den Trainingsgebieten in dieser Klasse etwas höher, als für die des SRTM-DGM. Das gleiche gilt für die Anzahl der Rutschungen.

In der Klasse „2 bis < 20 ha" hingegen treten dann bei einem Vergleich der Daten der beiden DGM, für das SRTM-DGM mehr Pixel in dieser Klasse auf als für das TK50-DGM, das gleiche gilt für die Anzahl der Rutschungen. Insgesamt fallen aber im Vergleich zur ersten Klasse erheblich weniger Pixel in diese Klasse.

Eine EGG von > 200 ha haben immer weniger Rasterzellen, auf welchen ebenfalls immer weniger Rutschungen stattfanden.

Die Rutschungsgefährdung in einer bestimmten Klasse der EGG kann jedoch erst beurteilt werden, wenn die Anzahl der Rutschungen in dieser Klasse mit der Anzahl der Pixel dieser Klasse ins Verhältnis gesetzt wird.

In Abb. 35 ist die relative Häufigkeit des Auftretens von Rutschungen innerhalb der Trainingsgebiete für verschiedene Klassen der EGG vergleichsweise für die Datensätze der beiden DGM dargestellt.

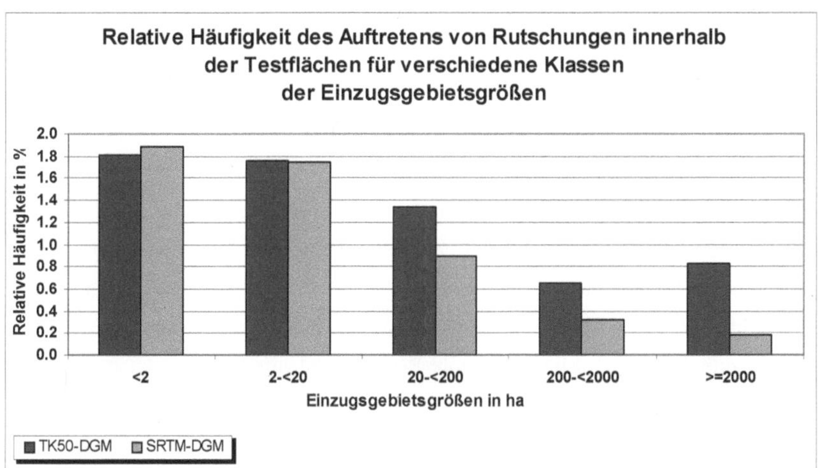

Abb. 35: Relative Häufigkeit des Auftretens von Rutschungen innerhalb der Trainingsgebiete für verschiedene Klassen der Einzugsgebietsgrößen, berechnet aus dem TK50-DGM sowie aus dem SRTM-DGM

Die relative Häufigkeit des Auftretens von Rutschungen ist in den Klassen „< 2 ha" und „2 bis < 20 ha" am größten. Für die berechneten EGG der beiden DGM wird in diesen beiden Klassen der Wert 1,7 % überschritten.

In den darauffolgenden Klassen unterscheiden sich die Werte des TK50-DGM von denen des SRTM-DGM. Die relativen Häufigkeiten des TK50-DGM nehmen mit zunehmender Klasse der EGG im Verhältnis weniger stark ab. In der letzten Klasse kommt es wieder zu einem Anstieg der relativen Häufigkeit. Die Werte in den Klassen „20 bis > 2000 ha" schwanken zwischen 0,82 % und 1,34 %. Die relativen Häufigkeiten, berechnet aus den Daten des SRTM- DGM, nehmen hingegen mit zunehmender Klasse kontinuierlich ab und schwanken zwischen 0,17 % und 0,9 %.

Für die Abgrenzung der Klassen (+) und (-) für den Parameter EGG wurde der Schwellenwert 1,7 % der relativen Häufigkeit empirisch festgelegt. Damit bildet sich aus den Klassen der EGG „< 2 ha“ und „2-<20“ ha EGG die Gefahrenklasse (+). In die Gefahrenklasse (-) fallen die Klassen „20-<200 ha“, „200-<2000 ha“ und „≥2000 ha“ EGG.

6.1.3 Landnutzung

Die Landnutzungsformen im Untersuchungsgebiet wurden in vier Hauptklassen sowie die Klasse „keine Daten“ (Kap. 4.3) zusammengefasst, da zur genaueren Bestimmung der relativen Häufigkeiten des Auftretens von Rutschungen auf unterschiedlich genutzten Gebieten zumindest alle Klassen in den Trainingsgebieten vorhanden sein mussten.

Die Landnutzungsklassen „Wald“, „Landwirtschaft“, „gestörte Flächen“ und „Siedlungen/ Gewässer“ sind in den Trainingsgebieten jedoch relativ ungleichmäßig vertreten (Abb.36). Insgesamt ist das Untersuchungsgebiet vom westlichen bis in den östlichen Teil relativ stark bewaldet und stellenweise sind mehr oder weniger große Bereiche von „gestörten“ Flächen vorzufinden. Im Norden werden große Bereiche landwirtschaftlich genutzt.

In Gebiet 1 dominiert Wald als Landnutzungsart, im Osten sind ebenfalls einige landwirtschaftlich genutzten Flächen sowie „gestörte“ Flächen vorzufinden. Östlich von Trainingsgebiet 1 sind immer mehr Bereiche mit „gestörten“ Flächen in den Waldgebieten eingeschlossen. Im Westen des Trainingsgebietes 2 ist ein größeres landwirtschaftlich genutztes Gebiet vorzufinden, welches ebenfalls durchzogen ist von „gestörten“ Flächen.

In Gebiet 2 steigt der Anteil an landwirtschaftlich genutzten Flächen und „gestörten“ Flächen an, Wald ist jedoch immer noch die vorherrschende Landnutzungsart. Um Jarabacoa und nördlich davon kommt es zu einer verstärkten landwirtschaftlichen Nutzung im Untersuchungsgebiet.

In Gebiet 3 schließlich dominieren landwirtschaftlich genutzte Flächen. Wald und „gestörte“ Flächen sowie Siedlungen und Gewässer kommen ebenfalls zu kleineren Anteilen vor (Tab.8 und 9) .

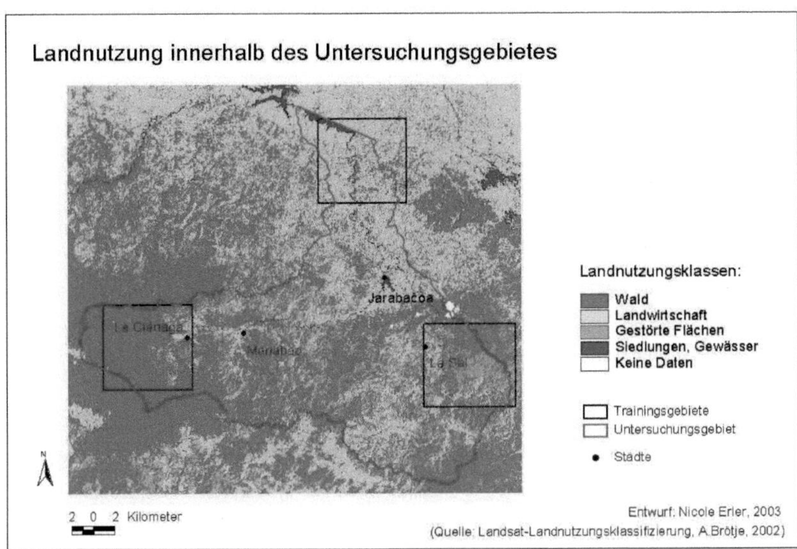

Abb. 36: Landnutzung innerhalb des Untersuchungsgebietes (Quelle: BRÖTJE 2002)

In Tab. 8 ist die Anzahl der Pixel in den einzelnen Gebieten, die Anzahl der vorkommenden Rutschungen sowie die berechnete relative Häufigkeit der Anzahl der Rutschungen innerhalb der Trainingsgebiete für die Landnutzungsklassen aufgeführt.

Tab. 8: Anzahl der Pixel in den einzelnen Gebieten, Anzahl der vorkommenden Rutschungen sowie berechnete relative Häufigkeit der Anzahl der Rutschungen innerhalb der Trainingsgebiete für die Landnutzungsklassen

Landnutzungs-klassen	Anzahl der Pixel Gebiet 1	Anzahl der Pixel Gebiet 2	Anzahl der Pixel Gebiet 3	Summe der Pixel Gebiet 1-3	Anzahl der kartierten Rutschungen	Relative Häufigkeit der Anzahl der Rutschungen in %
Wald	31717	23966	5777	61460	1146	1,86
Landwirtschaft	2267	5935	27446	35648	443	1,24
„Gestörte" Flächen	1124	5205	273	6602	235	3,56
Siedl., Gew.	36	138	1266	1440	5	0,35
Keine Daten	0	0	0	0	0	0,00

In den Trainingsgebieten ist Wald die dominierende Klasse der Landnutzungsarten, nahezu zwei Drittel der Pixel fallen in diese Klasse. Etwas weniger als ein Drittel der Pixel fallen in die Klasse „Landwirtschaft“. „Gestörte“ Flächen kommen in den Trainingsgebieten nur zu etwas über einem Zehntel vor, die Klasse „Siedlung und Gewässer“ tritt am seltensten auf. In die Klasse „keine Daten“ fallen keine Pixel, da die bewölkten Gebiete der Landsat-Klassifizierung nicht in den Testflächen lagen.

Vergleichbar dazu verteilen sich die aufgetretenen Rutschungen innerhalb der einzelnen Landnutzungsklassen. Über zwei Drittel der Rutschungen kommt auf Waldflächen vor. Weniger als ein Viertel der abgerutschten Flächen fällt in die Klasse „Landwirtschaft“, ca. ein Zehntel der Rutschungen verlief auf „gestörten“ Flächen. Selten kam es zu Rutschungen in der Klasse „Siedlung und Gewässer“.

Die Rutschungsgefährdung in einer bestimmten Landnutzungsklasse kann jedoch erst beurteilt werden, wenn die Anzahl der Rutschungen in dieser Klasse mit der Anzahl der Pixel dieser Klasse ins Verhältnis gesetzt wird.

In Abb. 37 ist die relative Häufigkeit des Auftretens von Rutschungen innerhalb der Trainingsgebiete für verschiedenen Landnutzungsklassen dargestellt.

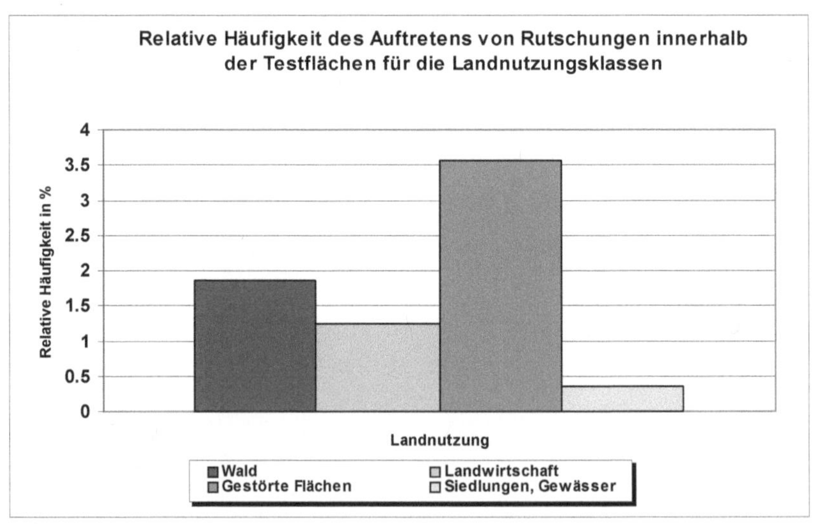

Abb. 37: Relative Häufigkeit des Auftretens von Rutschungen innerhalb der Trainingsgebiete für die Landnutzungsklassen

Insgesamt wird deutlich, dass die Klasse „gestörte Flächen“ mit 3,56 % den größten Wert der relativen Häufigkeit annimmt. Als zweitstärkste Klasse tritt „Wald“ mit einer relativen Häufigkeit von 1,86 % auf. Auf landwirtschaftlich genutzten Flächen kommen Rutschungen nur noch zu 1,24 % vor. Am seltensten treten abgerutschte Flächen zu 0,35 % in Siedlungsgebieten bzw. an Gewässern auf.

Die Klasse „gestörte Flächen“ als dominierende Klasse der relativen Häufigkeit des Auftretens von Rutschungen bildet die Gefahrenklasse (+) für den Einflussfaktor Landnutzung. Die Klassen „Wald“, „Landwirtschaft“ und „Siedlungen und Gewässer“ wurden zur Bildung der Gefahrenklasse (-) ausgewählt.

6.2 Relative Häufigkeit des Auftretens von Rutschungen bei Kombinationen der Eingangsparameter

Um das Zusammenspiel der Eingangsparameter genauer betrachten zu können, wurde die relative Häufigkeit des Auftretens der (jüngeren) Rutschungen in den Kombinationen Hangneigung/ EGG, Landnutzung/ Hangneigung und Landnutzung/ EGG berechnet (Tab. 9 bis 14). Dabei wurde ermittelt, wie häufig Rutschungen bei einer bestimmten Klassenkombination der Parameter vorkamen, im Verhältnis zur Anzahl der Pixel, die insgesamt innerhalb der Trainingsflächen in diese Klassenkombination fällt.

In Tab. 9 wird die relative Häufigkeit des Auftretens von Rutschungen in verschiedenen Kombinationen der Hangneigungsklassen mit den Klassen der EGG aufgeführt, berechnet für das TK50-DGM. Der überwiegende Teil der Rutschungen tritt mit 2,16 % an Hängen mit einer Neigung von > 6-24 ° und einer EGG < 20 ha auf. Weiterhin sind zu 1,61 % bei Hangneigungswerten von 0-6 ° und einer EGG < 20 ha Rutschungen aufgetreten. Die übrigen Klassenkombinationen kommen mit Werten von 0,89 % bis zu 1,18 % seltener vor.

Tab. 9: Relative Häufigkeit des Auftretens von Rutschungen in verschiedenen Kombinationen der Hangneigungsklassen mit der EGG, berechnet für das TK50-DGM

Hangneigung EGG	0-6 °	> 6-24 °	> 24 °
< 20 ha	1,61	2,16	1,02
≥ 20 ha	1,18	1,10	0,89

In Tabelle 10 wird die relative Häufigkeit des Auftretens von Rutschungen in verschiedenen Kombinationen der Hangneigungsklassen mit den Klassen der EGG dargestellt, berechnet für das SRTM-DGM.

Auch hier überwiegt mit 2,07 % der Anteil der Klassenkombination Hangneigung > 6-24 ° und EGG < 20 ha. Mit einer relativen Häufigkeit von 1,47 % kamen Rutschungen auf Hängen mit einer Neigung von 0-6 ° und mit EGG < 20 ha vor. Die übrigen Klassenkombinationen lagen mit Werten unter 1 % verhältnismäßig niedrig. In der Klassenkombination Neigung > 24 ° und EGG ≥ 20 ha trat keine Rutschung auf.

Tab. 10: Relative Häufigkeit des Auftretens von Rutschungen in verschiedenen Kombinationen der Hangneigungsklassen mit der EGG, berechnet für das SRTM-DGM

Hangneigung EGG	0-6 °	> 6-24 °	> 24 °
< 20 ha	1,47	2,07	0,76
≥ 20 ha	0,53	0,84	0,00

Tab. 11 beschreibt die relative Häufigkeit des Auftretens von Rutschungen in verschiedenen Kombinationen der Hangneigungsklassen mit der Landnutzung, berechnet für das TK50-DGM.

Rutschungen in der Kombination Hangneigung > 6-24 ° auf „gestörten“ Flächen trat mit 3,9 % am häufigsten auf. Weiterhin erfolgten mit 2,33 % relativer Häufigkeit Rutschungen in der Hangneigungsklasse „> 6-24 °“ kombiniert mit der Klasse „Wald“. Bei einer Hangneigung > 24 ° im Wald und auf landwirtschaftlich genutzten Flächen sowie zwischen 0-6 ° Hangneigung im Wald und bei > 6-24 ° auf landwirtschaftlich genutzten Flächen, kamen Rutschungen zu 1,18 % bis 1,64 % vor. Die restlichen Klassenkombinationen traten mit unter 1 % relativer Häufigkeit seltener auf. Für die Hangneigungsklasse „> 24 °“ kombiniert mit der Klasse „Siedlung und Gewässer“ wurde keine Rutschung verzeichnet.

Tab. 11: Relative Häufigkeit des Auftretens von Rutschungen in verschiedenen Kombinationen der Hangneigungsklassen mit den Landnutzungsklassen, berechnet für das TK50-DGM

Hangneigung Landnutzung	0-6°	>6-24°	>24°
Wald	1,64	2,33	1,28
Landwirtschaft	0,69	1,38	1,18
„Gestörte" Flächen	0,80	3,90	0,30
Siedlungen, Gewässer	0,82	0,88	0,00

In Tab. 12 ist die relative Häufigkeit des Auftretens von Rutschungen in verschiedenen Kombinationen der Hangneigungsklassen mit der Landnutzung aufgeführt, berechnet für das SRTM-DGM.

Es ist zu ersehen, dass die meisten Rutschungen mit 3,6 % relativer Häufigkeit in der Kombination Hangneigung > 6-24 ° auf „gestörten" Flächen auftreten. Weiterhin erfolgten mit 3,57 % Rutschungen relativ häufig in Hangneigungsklasse „> 24 °" auf landwirtschaftlich genutzten Flächen. Mit 2,32 % relativer Häufigkeit traten Rutschungen auf „gestörten" Flächen bei der Hangneigung > 6-24 ° auf. Mit einer relativen Häufigkeit zwischen 1,2 % und 1,41 % kamen Rutschungen bei den Klassenkombinationen Hangneigung 0-6 ° mit Klasse „Wald" bzw. „Siedlung und Gewässer" vor sowie bei Hangneigungswerten > 6-24 ° auf „gestörten" Flächen. Die übrigen Kombinationen der Faktoren Hangneigung und Landnutzung traten mit unter 1 % relativer Häufigkeit seltener auf.

Tab. 12: Relative Häufigkeit des Auftretens von Rutschungenin verschiedenen Kombinationen der Hangneigungs-klassen mit den Landnutzungsklassen, berechnet für das SRTM-DGM

Hangneigung Landnutzung	0-6 °	> 6-24 °	> 24 °
Wald	1,20	2,32	0,55
Landwirtschaft	0,52	1,35	3,57
„Gestörte" Flächen	0,86	3,60	0,94
Siedlungen, Gewässer	1,41	0,65	0,00

Betrachtet man das Entstehen von Rutschungen (Tab. 13) bei einer Faktorenkombination der EGG und der Landnutzung für das TK50-DGM, so bemerkt man, dass mit der höchsten relativen Häufigkeit von 2,95 % Rutschungen auf „gestörten“ Flächen entstanden sind, die eine EGG < 20 ha haben. Weiterhin kamen 1,98 % der Rutschungen auf Waldflächen mit einer EGG von < 20 ha vor. 1,69 % der abgerutschten Flächen entstanden auf „gestörten“ Flächen mit EGG ≥ 20 ha. Mit 1,39 % bzw. 1,30 % traten Rutschungen in den Klassenkombinationen EGG ≥20 ha auf Waldflächen und EGG <20 ha auf landwirtschaftlichen Nutzflächen auf. Die restlichen Kombinationen kamen mit relativen Häufigkeiten von 0,36 % bis 0,86 % seltener vor.

Tab. 13: Relative Häufigkeit des Auftretens von Rutschungen in verschiedenen Kombinationen der Klassen der EGG mit den Landnutzungsklassen, berechnet für das TK50-DGM

EGG Landnutzung	< 20 ha	≥ 20 ha
Wald	1,98	1,39
Landwirtschaft	1,30	0,67
Gestörte Flächen	2,95	1,69
Siedlungen, Gewässer	0,86	0,36

Die relative Häufigkeiten für die Faktorenkombination EGG und Landnutzung in Tab. 14, berechnet für das SRTM-DGM, zeigen den höchsten Wert von 3,06 % auf „gestörten“ Flächen mit EGG von < 20 ha. Mit 2,05 % kamen relativ häufig auch Rutschungen im Wald bei EGG von < 20 ha vor. Auf landwirtschaftlich genutzten Flächen mit einer EGG von < 20 ha traten noch 1,31 % relativ häufig Rutschungen auf. Alle anderen Klassenkombinationen kommen mit einer relativen Häufigkeit von unter 1 % relativ selten vor. In der Kombination EGG ≥ 20 ha mit Klasse „Siedlungen und Gewässer“ entstand keine Rutschung.

Tab. 14: Relative Häufigkeit des Auftretens von Rutschungen in verschiedenen Kombinationen der Klassen der EGG mit den Landnutzungsklassen, berechnet für das SRTM-DGM

EGG Landnutzung	< 20 ha	≥ 20 ha
Wald	2,05	0,81
Landwirtschaft	1,31	0,54
„Gestörte“ Flächen	3,06	0,52
Siedlungen, Gewässer	0,84	0,00

6.3 Gefahrenklassenbildung

In Kapitel 6.1 wurde für die einzelnen Einflussfaktoren erläutert, welche Klassen zur Bildung der Gefahrenklassen (-) und (+) für jeden Faktor verwendet wurden. Aus diesen sollen sich, durch die Verschneidung der Klassen der einzelnen Faktoren miteinander drei Gefahrenklassen für die Gefahrenzonenkarte ergeben (schwach/ mittel/ stark gefährdet). In die Klasse „keine Daten“ der Gefahrenzonenkarte fallen alle Pixel, die schon in der Landnutzungsklassifizierung in die Klasse „keine Daten“ fallen (Wolken und –schatten), da für diese Bereiche nicht das Zusammenspiel Hangneigung, EGG und Landnutzung betrachtet werden kann. Im Folgenden wird in Tab. 15 aufgeführt, wie durch die Kombinationen der Klassen der Einflussfaktoren jedes Pixel in eine Gefahrenklasse eingeordnet wird.

Tab. 15: Kombinationen der Klassen der Einflussfaktoren zur Bildung der Gefahrenklassen für die Gefahrenzonenkarte

Gefahrenklasse	Hangneigung	EGG	Landnutzung
Schwach	<6° und >24°	< 20ha	Wald, Landwirtschaft, Siedl./ Gew.
	<6° und >24°	≥ 20ha	Wald, Landwirtschaft, Siedl./ Gew.
	<6° und >24°	≥ 20ha	„Gestörte“ Flächen
	6-24°	≥ 20ha	Wald, Landwirtschaft, Siedl./ Gew.
Mittel	<6° und >24°	< 20ha	„Gestörte“ Flächen
	6-24°	< 20ha	Wald, Landwirtschaft, Siedl./ Gew.
	6-24°	≥ 20ha	„Gestörte“ Flächen
Stark	6-24°	< 20ha	„Gestörte“ Flächen

6.4 Validierung

In den Tab. 16 und 17 ist die relative Häufigkeit des Auftretens von Rutschungen im Untersuchungsgebiet aufgeführt, aufgegliedert in die relative Häufigkeit der älteren, der jüngeren sowie der gesamten Rutschungen. Diese wurde berechnet, um die Qualität des Modells zu bewerten (Kap. 5.3.5). Je höher der Anteil der Gefahrenklasse „stark gefährdet“ ist, desto besser wird die Vorhersage der Rutschungsdisposition eingeschätzt, da erwartet wird, dass die Flächen auf denen bereits Rutschungen aufgetreten sind als „stark gefährdet“ ausgewiesen sein müssen.

Da das Rutschungsinventar der jüngeren Rutschungen zur Herleitung des Modells diente, ist die relative Häufigkeit des Auftretens von älteren Rutschungen besonders interessant. Die relative Häufigkeit für die Gesamtanzahl von Rutschungen ergibt sich aus der Summe der beiden Werte der Rutschungsinventare. Da das Inventar der älteren Rutschungen mit einer Anzahl von 705 viel kleiner ist als das der 1829 jüngeren Rutschungen, ist vorauszusehen, dass die relativen Häufigkeiten in den Gefahrenklassen für das Inventar der älteren Rutschungen immer kleiner ausfallen, da sie ins Verhältnis zur gleichen Anzahl der auftretenden Pixel in den Klassen für das Untersuchungsgebiet ins Verhältnis gesetzt werden.

Für die TK50- sowie für die SRTM-Gefahrenkarte zeigen die Tab. 16 und 17 auf, dass die relative Häufigkeit sowohl der älteren als auch der jüngeren Rutschungen von der Klasse „schwach gefährdet“ zur Klasse „stark gefährdet“ zunimmt (Abb. 38). Dabei kommt es für das TK50-DGM bei den älteren Rutschungen zu einer Verdoppelung der relativen Häufigkeit von der Klasse „schwach gefährdet“ zur Klasse „stark gefährdet“ sowie zu einer Verdreifachung bei den jüngeren Rutschungen. Für das SRTM-DGM verdreifacht sich der Wert der relativen Häufigkeit von der Klasse „schwach gefährdet“ zur Klasse „stark gefährdet“ bei den älteren Rutschungen und vervierfacht sich bei den jüngeren Rutschungen.

Tab. 16: Relative Häufigkeit des Auftretens der Rutschungen (ältere, jüngere, gesamt) im Untersuchungsgebiet, berechnet für die Gefahrenklassen der TK50-Gefahrenkarte

Gefahren-klassen	Rel. Häuf. der älteren Rutschungen im UG [%]	Rel. Häuf. der jüngeren Rutschungen im UG [%]	Rel. Häuf. der ges. Rutschungen im UG [%]
keine Daten	0,00	0,00	0,00
schwach	0,16	0,36	0,52
mittel	0,23	0,60	0,83
stark	0,35	1,11	1,45

Tab. 17: Relative Häufigkeit des Auftretens der Rutschungen (ältere, jüngere, gesamt) im Untersuchungsgebiet, berechnet für die Gefahrenklassen der SRTM-Gefahrenkarte

Gefahren-klassen	Rel. Häuf. der älteren Rutschungen im UG [%]	Rel. Häuf. der jüngeren Rutschungen im UG [%]	Rel. Häuf. der ges. Rutschungen im UG [%]
keine Daten	0,00	0,00	0,00
schwach	0,12	0,26	0,38
mittel	0,23	0,62	0,85
stark	0,34	1,06	1,40

In Abb. 38 wird nochmals graphisch dargestellt, wie sich die relativen Häufigkeiten des Auftretens der Rutschungen innerhalb der Gefahrenklassen im Untersuchungsgebiet verhalten. Deutlich wird, dass die relative Häufigkeit von der Klasse „schwach gefährdet" bis zur Klasse „stark gefährdet" kontinuierlich zunimmt.

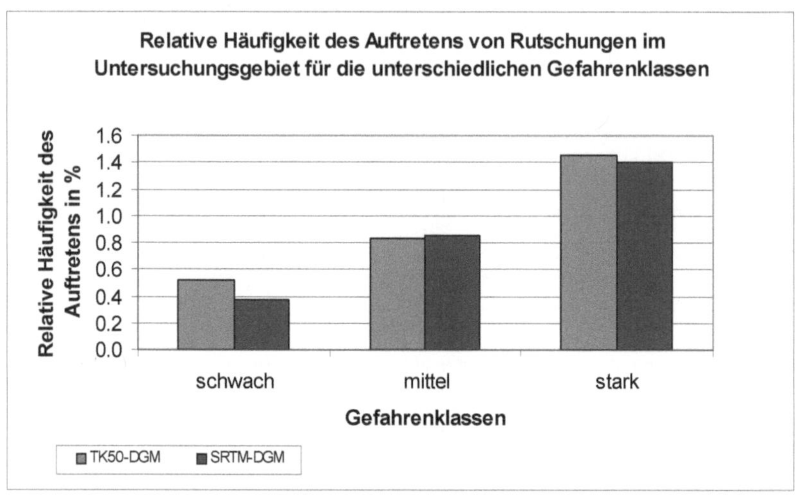

Abb. 38: Relative Häufigkeit des Auftretens der gesamten kartierten Rutschungen im Untersuchungsgebiet für die Gefahrenklassen der TK50- und der SRTM-Gefahrenkarte

Berechnet man für die gesamten Rutschungen die relative Häufigkeit für die Gefahrenklassen „schwach und mittel gefährdet", ergibt sich für beide DGM der Wert 0,7%. Dies entspricht etwa der Hälfte des Wertes, der für die Klasse „stark gefährdet" berechnet wurde.

6.5 Gefahrenzonenkarten

Im Folgenden wird beschrieben wie sich die Gefahrenklassen räumlich im Untersuchungsgebiet verteilen. Dazu sind zunächst in den Tab. 18 und 19 die Flächenanteile sowie die prozentualen Anteile der Gefahrenklassen im Untersuchungsgebiet aufgeführt.

Die Abb. 40 und 41 schließlich zeigen die beiden Gefahrenkarten, basierend auf dem TK50- und dem SRTM-DGM, für das obere Einzugsgebiet des Rio Yaque del Norte. Diese sind ebenfalls im DIN A3 Format als Abb. 62 und 63 im Anhang vorzufinden.

Für die TK50-Gefahrenkarte wurde eine Größe von 847,4 km² für das Untersuchungsgebiet berechnet. In Tab. 18 wird aufgeführt wie die prozentuale Verteilung der Gefahrenklassen in diesem Gebiet ist.

Für 0,1 % (0,8 km²) der Fläche des Untersuchungsgebietes konnte in der TK50-Gefahrenkarte keine Rutschungsdisposition ausgewiesen werden, da Wolken die Landnutzungsklassifizierung verhinderten. 37,2 % (315,2 km²) der Fläche wurden als schwach gefährdet ausgewiesen.

Die Gefahrenklasse „mittel gefährdet" nimmt mit 57,5 % (487,3 km²) über die Hälfte des Untersuchungsgebietes ein. Mit 5,2 % (44,1 km²) ist die Gefahrenklasse „stark gefährdet" nur zu geringen Anteilen vertreten.

Tab 18: Anzahl der Pixel, Flächenanteil in km² sowie prozentualer Anteil der Klassen im Untersuchungsgebiet, berechnet für die Gefahrenklassen der TK50-Gefahrenkarte

Gefahren-klassen	Anzahl der Pixel	Fläche in km²	Proz. Anteil der Klassen im UG
keine Daten	341	0, 8	0,1
schwach	126102	315,2	37,2
mittel	194915	487,3	57,5
stark	17637	44,1	5,2

Für die SRTM-Gefahrenkarte wurden eine Größe von 849,9 km² für das Untersuchungsgebiet berechnet. Tab.19 führt die prozentuale Verteilung der Gefahrenklassen in diesem Gebiet auf.

In der SRTM-Gefahrenkarte konnten ebenfalls 0,1 % (0,8 km²) der Fläche des Untersuchungsgebietes keiner Gefahrenklasse zugeordnet werden. 29,1 % (246,9 km²) der Fläche wurden der Klasse „schwach gefährdet" zugewiesen. Mit 65,1 % (553,2 km²) fällt der Gefahrenklasse „mittel gefährdet" der größte Anteil von etwa zwei Dritteln zu. Die Gefahrenklassen „stark gefährdet" ist mit 5,8 % (49,0 km²) nur zu geringen Anteilen vertreten.

Tab. 19: Anzahl der Pixel, Flächenanteil in km² sowie prozentualer Anteil der Klassen im Untersuchungsgebiet, berechnet für die Gefahrenklassen der SRTM-Gefahrenkarte

Gefahren-klassen	Anzahl der Pixel	Fläche in km²	Proz. Anteil der Klassen im UG
keine Daten	341	0,8	0,1
schwach	98798	246,9	29,1
mittel	221311	553,2	65,1
stark	19627	49,0	5,8

In Abb. 39 sind die prozentualen Anteile der Gefahrenklassen im Untersuchungsgebiet nochmals vergleichsweise für die beiden Gefahrenkarten dargestellt.

Es ist zu erkennen, dass in beiden Gefahrenkarten die Klasse „schwach gefährdet“ und „mittel gefährdet“ den überwiegenden Teil des Untersuchungsgebietes einnehmen.
Jedoch ist der Anteil der Klasse „schwach gefährdet“ für die TK50-Gefahrenkarte etwas höher als für die SRTM- Gefahrenkarte. Entsprechend größer ist der Anteil in der Klasse „mittel gefährdet“ für die SRTM-Gefahrenkarte. Der Anteil der Gefahrenklasse „stark gefährdet“ ist in beiden Karten ähnlich gering.

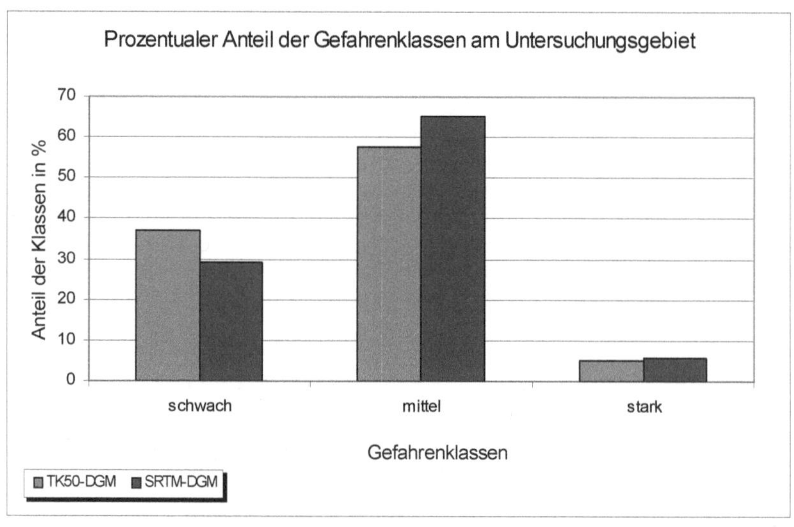

Abb. 39: Prozentualer Anteil der Gefahrenklassen im Untersuchungsgebiet für die Gefahrenklassen der TK50- und der SRTM-Gefahrenkarte

Betrachtet man nun die Gefahrenkarten zur Bewertung der Rutschungsdisposition direkt, so ist in der TK50-Gefahrenkarte (Abb. 40) zu erkennen, dass im Westen des Untersuchungsgebietes in Trainingsgebiet 1 (siehe Abb. 42) die Gefahrenklasse „schwach gefährdet“ größere Flächen einnimmt. Außerdem ist ein weites Gebiet um die Stadt Jarabacoa als schwach gefährdet ausgewiesen. Im Norden in Trainingsgebiet 3 sind Teile des Stausees „Taveras“ und umliegende Gebiete ebenfalls als schwach gefährdet gekennzeichnet (vergl. Abb. 46).

In den übrigen Teilen des Untersuchungsgebietes dominieren die als „mittel gefährdet“ ausgewiesenen Gebiete. Darin schließen sich im Südosten in Trainingsgebiet 2 verstreut viele kleine Gebiete, die als stark gefährdete betrachtet werden. Zu einer Konzentration von stark gefährdeten Zonen kommt es auch im äußersten Osten des Untersuchungsgebietes (siehe Abb. 44).

Aber auch im mittleren Teil des Untersuchungsgebietes, nördlich und südlich des Rio Yaque del Norte, treten stark gefährdete Zonen auf. Im Norden des Untersuchungsgebietes ist die Klasse „stark gefährdet“ relativ selten vorzufinden.
Südlich der Stadt Jarabacoa sind geringe Teile des Untersuchungsgebietes als Klasse „keine Daten“ ausgewiesen.

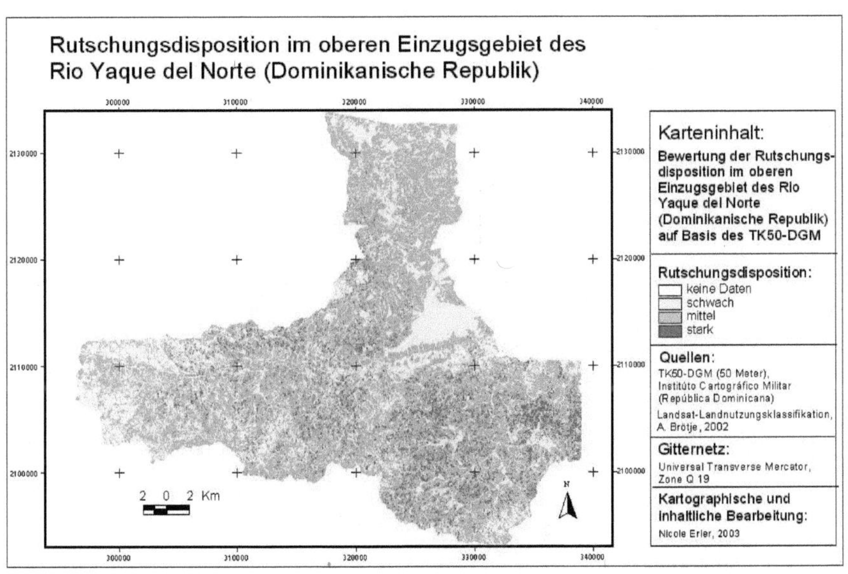

Abb. 40: Rutschungsdisposition im oberen Einzugsgebiet des Rio Yaque del Norte, basierend auf dem TK50-DGM

In der SRTM-Gefahrenkarte (Abb. 41) sind größere zusammenhängende Gebiete der Klasse „schwach gefährdet“ in Trainingsgebiet 1 (siehe Abb.43) und um die Stadt Jarabacoa vorzufinden. Weiterhin treten Gebiete dieser Klasse südlich und südwestlich von Jarabacoa entlang des Rio Yaque del Norte auf sowie auch ein als schwach gefährdetes Gebiet nordwestlich von Jarabacoa vorzufinden ist. Im Norden zeichnet sich der Stausee „Taveras“ deutlich als als „schwach gefährdet“ ausgewiesenes Gebiet ab (vergl. Abb. 47).

Die Gefahrenklasse „mittel gefährdet" verteilt sich auch in dieser Gefahrenkarte über das restliche Untersuchungsgebiet. Im südlich und südöstlich von Jarabacoa in und um Trainingsgebiet 2 treten die meisten als „stark gefährdet" ausgewiesenen Gebiete auf (siehe Abb. 45). Zu einer Konzentration von stark gefährdeten Gebieten kommt es im äußersten Osten des Untersuchungsgebietes.

Im mittleren Teil des Untersuchungsgebietes, nördlich und südlich des Rio Yaque del Norte, treten ebenfalls stark gefährdete Zonen auf. Im Norden des Untersuchungsgebietes treten stark gefährdete Gebiete relativ selten auf.
Südlich der Stadt Jarabacoa sind geringe Teile des Untersuchungsgebietes als Klasse „keine Daten" ausgewiesen.

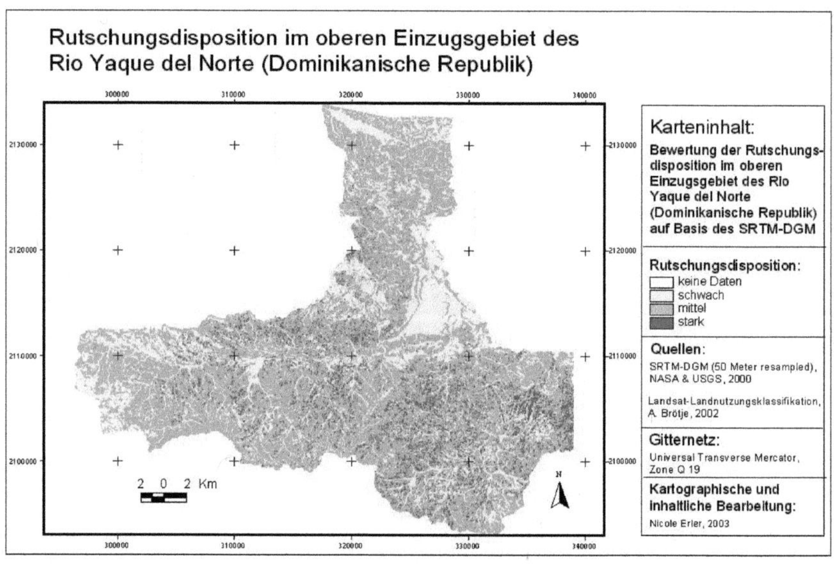

Abb. 41: Rutschungsdisposition im oberen Einzugsgebiet des Rio Yaque del Norte, basierend auf dem SRTM-DGM

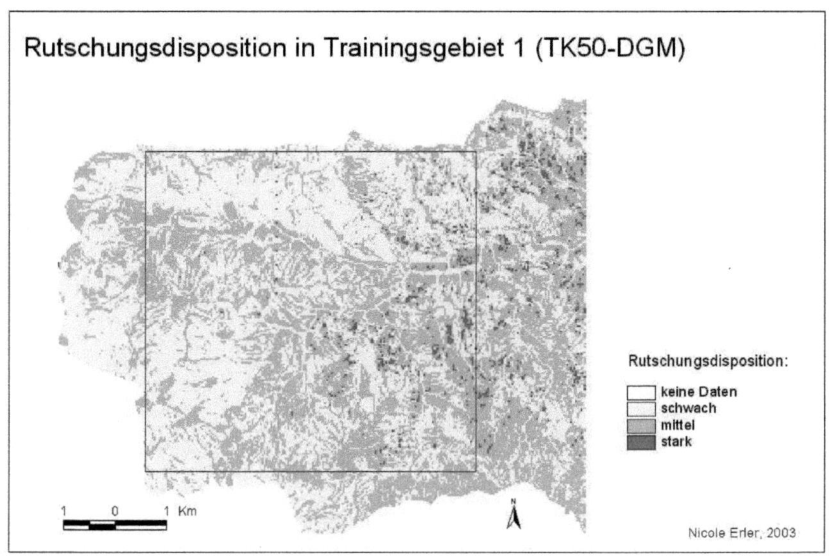

Abb. 42: Rutschungsdisposition in Trainingsgebiet 1, basierend auf dem TK50-DGM

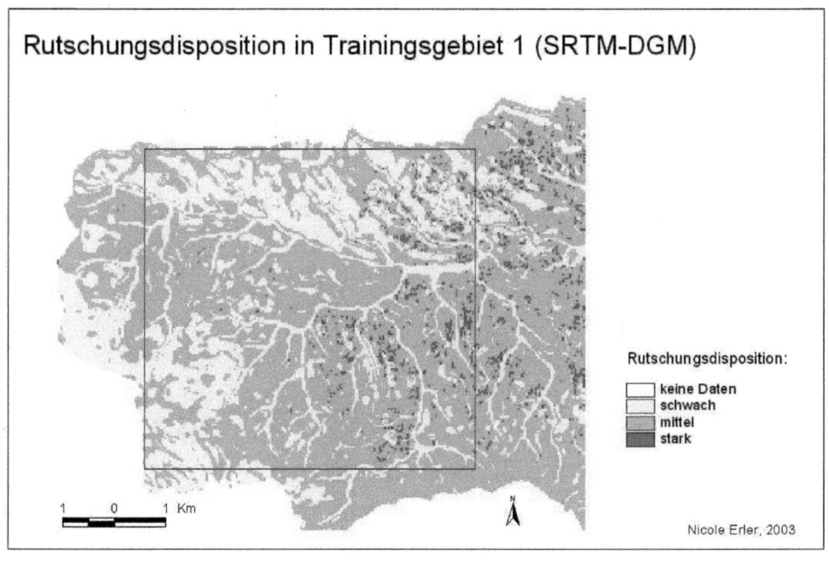

Abb. 43: Rutschungsdisposition in Trainingsgebiet 1, basierend auf dem SRTM-DGM

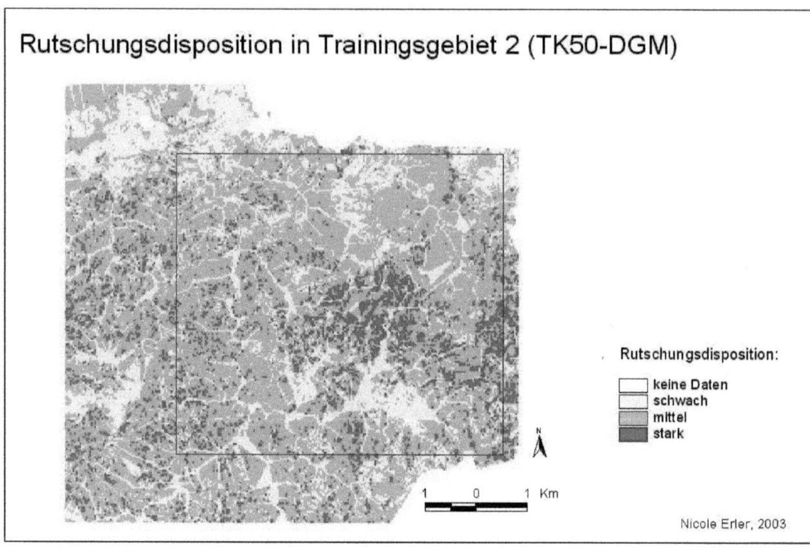

Abb. 44: Rutschungsdisposition in Trainingsgebiet 2, basierend auf dem TK50-DGM

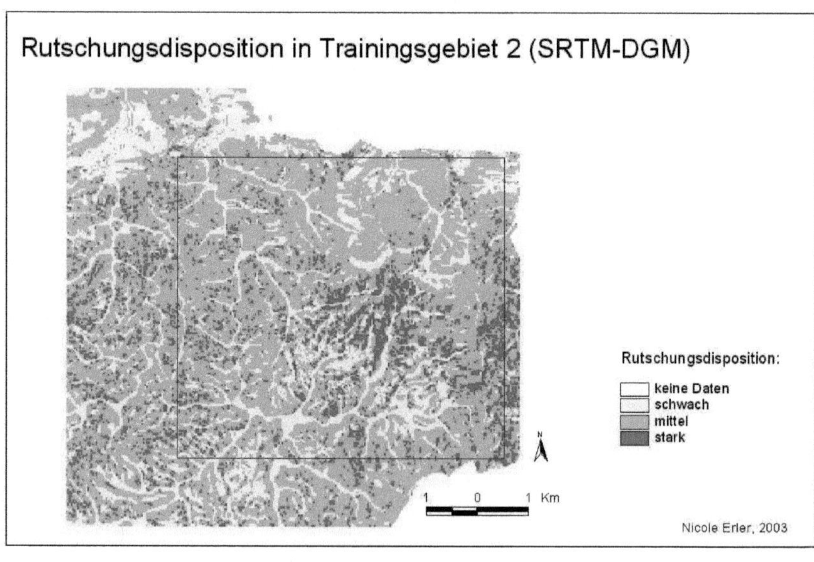

Abb. 45: Rutschungsdisposition in Trainingsgebiet 2, basierend auf dem SRTM-DGM

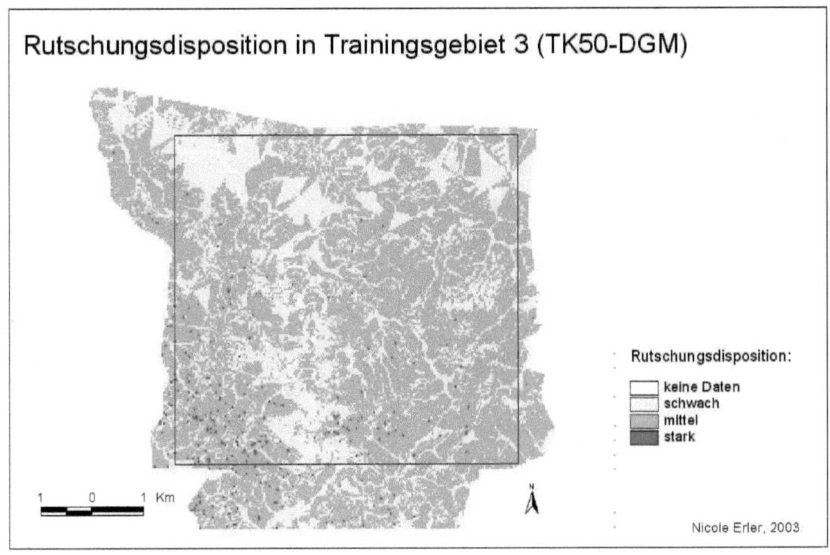

Abb. 46: Rutschungsdisposition in Trainingsgebiet 3, basierend auf dem TK50-DGM

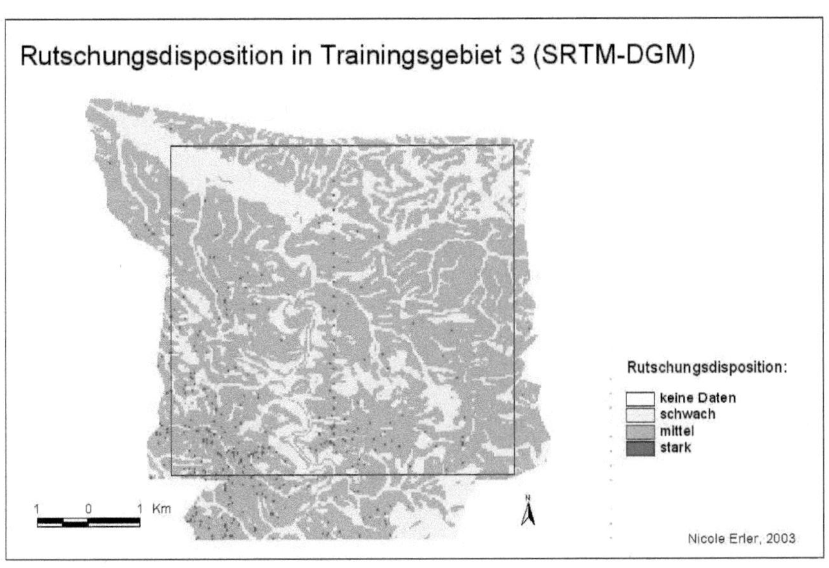

Abb. 47: Rutschungsdisposition in Trainingsgebiet 3, basierend auf dem SRTM-DGM

Vergleicht man die TK50-Gefahrenkarte mit der SRTM-Gefahrenkarte, so ist als deutlicher Unterschied zu erkennen, dass im Westen des Untersuchungsgebietes die Rutschungsdisposition in der TK50-Gefahrenkarte geringer eingeschätzt wird (Abb. 42 und 43). Hingegen wird ein größeres Gebiet im Nordwesten von Jarabacoa in der SRTM-Gefahrenkarte als weniger gefährdet angesehen. Morphologische Strukturen, wie z.B. die Tiefenlinien oder der Stausee im Norden, kommen in der SRTM-Gefahrenkarte deutlicher heraus als in der TK50-Gefahrenkarte (Abb. 42– 47).

6.6 Rutschungsgrößen

Bei der Erstellung der Rutschungsinventare wurden die Größen der abgerutschten Flächen erfasst. Insgesamt wurden 2534 Rutschungen, davon 1829 jüngere und 705 ältere, kartiert. In diesem Kapitel werden in Abb. 48 die Flächen für sämtliche kartierten Rutschungen nochmals dargestellt. In Tab. 20 sind für die jüngeren und älteren Rutschungen die Summe der Rutschungsflächen, der Mittelwert der Rutschungsflächen, die minimalen und maximalen Werte für die Rutschungsflächen sowie der prozentuale Anteil der Rutschungsflächen am gesamten Trainingsgebiet, eingeteilt in die drei Trainingsgebiete angegeben. Außerdem sind die Gesamtgrößen der Flächen in den einzelnen Trainingsgebiete nochmals aufgeführt.

Weiterhin zeigt Tab. 21 und 22 die durchschnittlichen Werte für die Parameter Hangneigung und EGG sowie den prozentualen Anteil der Landnutzungsklassen, berechnet für die 100 kleinsten und die 100 größten Rutschungsflächen des Inventars der jüngeren Rutschungen.

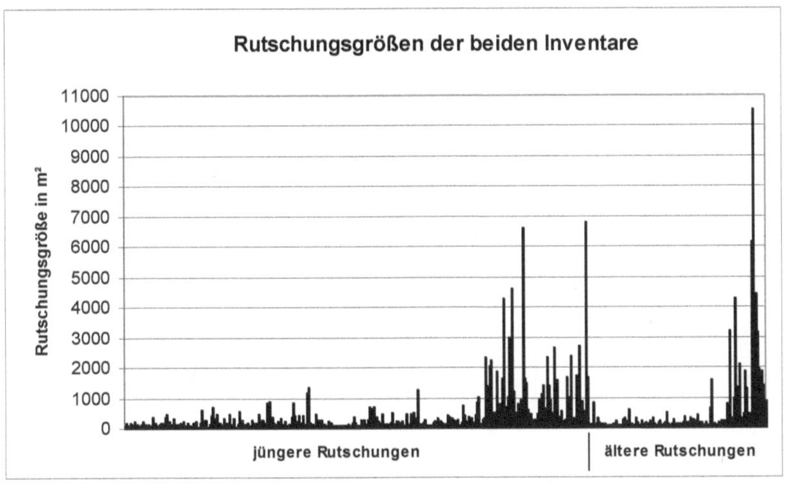

Abb. 48: Größe der kartierten Rutschungsflächen in m²

Abb. 48 zeigt die Rutschungsgrößen für sämtliche kartierte Rutschungen. Der größte Teil der Rutschungen hat eine Größe zwischen ca. 50 und 1000 m². Nur wenige kartierte Rutschungen sind kleiner oder größer.

In Tab. 20 sind die Summe der Rutschungsflächen, der Mittelwert der Rutschungsflächen, die minimalen und maximalen Werte für die Rutschungsgrößen sowie der prozentuale Anteil der Rutschungsflächen am gesamten Trainingsgebiet, eingeteilt in die drei Trainingsgebiete, für die jüngeren und älteren Rutschungen angegeben.

In Gebiet 1 ergibt die Summe der Rutschungsflächen 20,89 ha, davon nehmen die jüngeren Rutschungen den größeren Anteil von 12,11 ha ein, für die älteren Rutschungen ergibt sich eine Gesamtgröße von 8,78 ha. Die jüngeren Rutschungen sind im Durchschnitt 392,1 m² groß, während die älteren mit einer durchschnittlichen Größe von 860,8 m² auftreten. Im Rutschungsinventar der jüngeren Rutschungen ist die kleinste Rutschung 26,5 m² groß, die größte Rutschung hat eine Größe von 6616,9 m². Bei den älteren Rutschungen liegen die Größen zwischen 18,7 m² für die kleinste und bei 10526,3 m² für die größte aufgetretene Rutschung.

Der prozentuale Anteil der Rutschungen am gesamten Trainingsgebiet beträgt insgesamt 0,24 %. 0,14 % davon fallen auf die jüngeren, 0,10 % auf die älteren Rutschungen.

Tab. 20: Gesamtgröße der Trainingsgebiete, Summe und Mittelwert der Rutschungsflächen, Minimum und Maximum der Rutschungsgrößen sowie prozentualer Anteil der Rutschungs flächen am gesamten Trainingsgebiet, für die jüngeren und älteren Rutschungen in den verschiedenen Trainingsgebieten.

Rutschungsinventare der Trainingsgebiete	Gesamtgröße Trainings-gebiet in km²	Summe Rutschungs-flächen in ha	Mittelwert Rutschungs-flächen in m²	Maximale/ minimale Rutschungs-größen in m²	Prozent. Anteil Rutschungs-flächen am ges. Trainings-gebiet in %
Gebiet 1	87,91	20,89	626,5		0,24
Jüngere Rutschungen		12,11	392,1	6616,9/ 26,5	0,14
Ältere Rutschungen		8,78	860,8	10526,3/ 18,7	0,10
Gebiet 2	86,85	21,07	104,8		0,24
Jüngere Rutschungen		14,76	99,9	2317,8/ 3,6	0,17
Ältere Rutschungen		6,31	109,8	3208,1/ 2,7	0,07
Gebiet 3	86,66	4,24	569,6		0,05
Jüngere Rutschungen		3,21	501,7	6814,2/ 37,5	0,04
Ältere Rutschungen		1,02	367,5	1869,3/ 44,3	0,01

In Gebiet 2 ergibt die Summe der Rutschungsflächen 21,07 ha, davon nehmen die jüngeren Rutschungen den größeren Anteil von 14,76 ha ein, für die älteren Rutschungen ergibt sich eine Gesamtgröße von 6,31 ha. Die jüngeren Rutschungen sind im Durchschnitt 99,9 m² groß, während die älteren mit einer durchschnittlichen Größe von 109,8 m² auftreten. Im Rutschungsinventar der jüngeren Rutschungen ist die kleinste Rutschung 3,6 m² groß, die größte Rutschung hat eine Größe von 2317,8 m². Bei den älteren Rutschungen liegen die Größen zwischen 2,7 m² für die kleinste und bei 3208,1 m² für die größte aufgetretene Rutschung.

Der prozentuale Anteil der Rutschungen am gesamten Trainingsgebiet beträgt insgesamt 0,24 %. 0,17 % davon fallen auf die jüngeren, 0,07 % auf die älteren Rutschungen.

In Gebiet 3 ergibt die Summe der Rutschungsflächen 4,24 ha, davon nehmen die jüngeren Rutschungen den größeren Anteil von 3,21 ha ein, für die älteren Rutschungen ergibt sich eine Gesamtgröße von 1,02 ha. Die jüngeren Rutschungen sind im Durchschnitt 501,7 m^2 groß, während die älteren mit einer durchschnittlichen Größe von 367,5 m^2 auftreten. Im Rutschungsinventar der jüngeren Rutschungen ist die kleinste Rutschung 37,5 m^2 groß, die größte Rutschung hat eine Größe von 6814,2 m^2.

Bei den älteren Rutschungen liegen die Größen zwischen 44,3 m^2 für die kleinste und bei 1869,3 m^2 für die größte aufgetretene Rutschung.

Der prozentuale Anteil der Rutschungen am gesamten Trainingsgebiet beträgt insgesamt 0,05 %. 0,04 % davon fallen auf die jüngeren, 0,01 % auf die älteren Rutschungen.

Insgesamt sind 0,55 % der Trainingsgebiete als Rutschungsgebiete ausgewiesen.

Es ergibt sich, dass in den Trainingsgebieten 1 und 2 insgesamt eine etwa gleich große Fläche abgerutscht ist. Diese Fläche fällt in beiden Gebieten zu einem Anteil von ca. zwei Dritteln an die jüngeren Rutschungen sowie zu ca. einem Drittel an die älteren. Jedoch beträgt die durchschnittliche Größe einer Rutschung in Gebiet 1 ungefähr das Sechsfache einer Rutschung in Gebiet 2. Die minimalen bzw. maximalen Rutschungsgrößen sind in Gebiet 1 ebenfalls verhältnismäßig größer. In Trainingsgebiet 3 beträgt die Gesamtsumme der abgerutschten Fläche nur etwa ein Fünftel der in Trainingsgebiete 1 oder 2 abgerutschten Fläche. Der Anteil der jüngeren Rutschungen dominiert auch hier. Die durchschnittliche Rutschungsgröße jedoch ist im Vergleich zu den Gebieten 1 und 2 auf den jüngeren Rutschungsflächen größer als auf den älteren. Die durchschnittliche Größe der Rutschungen ist kleiner als die von Gebiet 1 und größer als die von Gebiet 2. Die minimale und maximale Größe der jüngeren Rutschungen entspricht der der jüngeren Rutschungen in Gebiet 1.

In den Tab. 21 und 22 sind die durchschnittlichen Werte für die Parameter Hangneigung und EGG sowie der prozentualer Anteil der Landnutzungsklassen, berechnet für die 100 kleinsten und die 100 größten Rutschungsflächen des Inventars der jüngeren Rutschungen, aufgeführt. Von den 100 kleinsten Rutschungen war die kleinste 3,5 m^2 groß und die größte hatte eine Größe von 19,8 m^2, der Durchschnitt lag bei 14,9 m^2. Von den 100 größten Rutschungen war die kleinste 507,8 m^2 und die größte 6814,2 m^2 groß, der Durchschnitt lag bei 1262,6 m^2.

Tab. 21: Durchschnittswerte für die Parameter Hangneigung und EGG, berechnet für die 100 kleinsten und die 100 größten Rutschungsflächen des Inventars der jüngeren Rutschungen (TK50-DGM und SRTM-DGM)

Parameter	TK50-DGM kleinste	TK50-DGM größte	SRTM-DGM kleinste	SRTM-DGM größte
Hangneigung	16,9°	22,3°	12,8°	17,8°
EGG	10,99ha	39,90ha	2,47ha	9,97ha

Die 100 kleinsten Rutschungen traten, berechnet für das TK50-DGM, bei einer durchschnittlichen Hangneigung von 16,9 ° und einer durchschnittlichen EGG von 10,99 ha auf. Berechnet für das SRTM-DGM betrug die gemittelte Hangneigung der kleinsten Rutschungen 12,8° und die durchschnittliche EGG lag bei 2,47 ha (Tab. 21).

Die 100 größten Rutschungen kamen, berechnet für das TK50-DGM, bei einer Hangneigung von 22,3 ° und einer EGG von 39,90 ha vor. Für das SRTM-DGM hingegen lag die durchschnittliche Hangneigung bei 17,8 ° und die gemittelte EGG betrug 9,97 ha (Tab. 21).

Tab. 22: Prozentualer Anteil der Landnutzungsklassen, berechnet für die 100 kleinsten und die 100 größten Rutschungsflächen des Inventars der jüngeren Rutschungen

Landnutzung:	Kleinste Rutschungen:	Größte Rutschungen:
Wald	43%	82%
Landwirtschaft	44%	15%
Gestörte Flächen	12%	3%
Siedl., Gewässer	1%	0%

Tab. 22 zeigt auf wie hoch der prozentuale Anteil der einzelnen Landnutzungsklassen, berechnet für die 100 kleinsten und die 100 größten Rutschungsflächen des Inventars der jüngeren Rutschungen ist.

Bei den kleinsten Rutschungen kamen etwa gleich oft Rutschungen zu 43 % im Wald und zu 44 % auf landwirtschaftlich genutzten Flächen vor. Nur 12 % traten auf „gestörten" Flächen auf, 1 % der Rutschungen fallen in die Klasse „Siedlungen und Gewässer".

Die größten 100 Rutschungen kamen hingegen zu 82 % im Wald vor, während nur 15 % auf landwirtschaftlich genutzten Flächen auftraten. Der Anteil der auf „gestörten" Flächen vorkommenden Rutschungen beträgt 3 %. 0 % der Rutschungen fallen in die Klasse „Siedlungen und Gewässer".

7 Diskussion und kritische Betrachtung

Im vorliegenden Kapitel soll zunächst die Qualität der Datengrundlage der Arbeit kritisch betrachtet werden. Des Weiteren sollen die gewonnenen Ergebnisse diskutiert werden und Verbesserungsansätze aufgeführt werden.

7.1 Fehlerquellen in der Datengrundlage

Die Vielfalt der Eingangsdaten birgt zahlreiche Fehlerquellen. Bei jedem Bearbeitungsschritt können Fehler induziert werden, die möglicherweise das Gesamtergebnis verfälschen. Wichtig ist, die Qualität der Eingangsdaten zu dokumentieren, damit mögliche Fehler im Ergebnis abgeschätzt werden können (THIEKEN 1999).

DGM

Das TK50-DGM wurde aus Topographischen Karten im Maßstab1:50000 abgeleitet. Dabei fließt als erster Unsicherheitsfaktor für die Reproduzierbarkeit der Daten die subjektive Bearbeitungs- und Interpretationsweise des Bearbeiters oder der Bearbeiter ein (GOODCHILD 1996). Auch Ungenauigkeiten beim Digitalisieren, Informationsverluste durch Datenkonvertierung (Raster-Vektor-Raster) und Generalisierung sowie Schätzfehler bei der Interpolation können hervorgerufen werden.

Für das SRTM-DGM können aufgrund der Messtechnik (Radar-Interferometrie) fehlerhafte Daten erhoben worden sein. Hinzu kommt, dass die Daten von einer 90-Meter-Auflösung in eine 50-Meter-Auflösung mit Hilfe einer bilinearen Interpolationsmethode resampled wurden. Dadurch wurden die Daten geglättet, so dass das SRTM-DGM die Rauhigkeit des Geländes weniger gut darstellt als das TK50-DGM.

Reliefparameter

Aus den DGM wurden als Parameter für die Gefahrenanalyse zunächst mehrere direkte und indirekte Reliefparameter abgeleitet. Dazu gehören die Hangneigung, die Exposition, die Wölbung, der Konvergenzindex und die Einzugsgebietsgröße. Alle diese Parameter variieren im Gelände relativ kleinräumig.

Als Folge der 50-Meter-Auflösung der beiden DGM, müssen die Werte der Reliefparameter daher jeweils verhältnismäßig große Ausschnitte des Geländes repräsentieren.

Die Rauhigkeit des Reliefs konnte dabei nicht ausreichend erfasst werden. Hierauf ist vermutlich zurück zu führen, dass die Parameter Exposition, Wölbung und Konvergenzindex nicht als Eingangsparameter in die Modellierung einbezogen werden konnten. Die Verteilung der relativen Häufigkeiten für diese Parameter ließ eine Abgrenzung von Gefahrenklassen nicht zu.

Satellitenbilder

Die Auflösung der verwendeten Ikonosbilder zur Erstellung der Rutschungsinventare war ausreichend, da die Ausdehnung der Rutschungen immer oberhalb der räumlichen Auflösung der Satellitenbilder lagen (vergl. Kap. 6.6).

Die geometrische Genauigkeit der Satellitenbilder wurde anhand der in Kap. 4.3 beschriebenen Methoden verbessert. Die Lageposition der Rutschungspolygone sollte so genau wie möglich sein, da die Polygone im Verlauf der Analyse mit den übrigen Layern verschnitten wurden. Für drei von vier Satellitenbildern lag die Abweichung bei weniger als einem Pixel (< 50 m), bei einem Bild lag die Abweichung bei eins bis zwei Pixeln (61,6 m). Es kann daher eine gute Übereinstimmung der Lageposition angenommen werden.

Geologische Karte

Die Geologische Karte war aufgrund des Maßstabs nicht geeignet, die Geologie als Einflussparameter in die Gefahrenkarte einzubeziehen. Die geologischen Einheiten stellten sich innerhalb des Untersuchungsgebietes zu stark generalisiert dar, so dass das Rutschungsinventar mit den Einheiten der Karte nicht in einen repräsentativen kausalen Zusammenhang zu bringen war.

Rutschungsinventar

In die Erstellung des Rutschungsinventars geht während der Digitalisierung der Rutschungspolygone meine subjektive Bearbeitungs- und Interpretationsweise ein. Hier ist im Hinblick auf die kartierten Formen unklar, ob es sich in allen Fällen um Rutschungen handelt. Z.B. könnte es sich ebenfalls um Hangmuren handeln.
Des Weiteren kann nicht mit Sicherheit angenommen werden, dass alle in den Trainingsgebieten vorkommenden Rutschungen kartiert worden sind. Ältere und kleine Rutschungen sind auf den Ikonosbbildern schlechter zu erkennen.

Der „Ground Check" erhöht die Sicherheit bei der Erstellung des Rutschungsinventars. Die Lage der im Gelände aufgenommenen Rutschungen, stimmt allerdings nicht immer mit der Lage der Rutschungen auf dem Ikonosbild überein (Kap.5.3.1, Abb.28). Dies kann entweder auf die Lageungenauigkeit der Satellitenbilder zurück zu führen sein und/ oder auf eine Ungenauigkeit der Messung des GPS-Passpunktes.

4,1% der Trainingsflächen waren zum Zeitpunkt der Aufnahme von Wolken bzw. Wolkenschatten verdeckt (vergl. Abb.28). Da diese Flächen nicht von der Gesamttrainingsfläche abgezogen wurden, ergibt sich an dieser Stelle ein Fehler, welcher jedoch als relativ gering eingeschätzt wird. Die in diesen Flächen liegenden Pixel hätten bei der Berechnung der relativen Häufigkeiten des Auftretens von Rutschungen ausgeschlossen werden müssen.

7.2 Ergebnisdiskussion

7.2.1 Eingangsparameter

Hangneigung:

Der Faktor Hangneigung gilt in der Literatur als einer der wichtigsten Einflussparameter auf die Rutschungsgefährdung (HANSEN 1984, CROIZIER 1986, RICKLI 2001) (vgl. Kap. 3.2 und 5.1).

Es ist davon auszugehen, dass mit zunehmender Hangneigung die Rutschungsanfälligkeit steigt. Mit der größten relativen Häufigkeit treten in den Trainingsgebiet Rutschungen jedoch eher bei mittleren Hangneigungswerten von größer als 6-24 ° auf.

Bei geringeren Hangneigungen von 0-6° ist offenbar die Scherspannung (vgl. Kap 3.1) zu gering, um das Material zum Abrutschen zu bringen. Demgegenüber wird bei Hangneigungswerten > 24° die Bildung von tiefgründigen Böden an den Hängen verhindert, da durch die häufigen tropischen Starkniederschläge neu gebildetes Bodenmaterial aufgrund der hohen Reliefenergie ständig abgetragen wird.

Somit kommt es zu einer Konzentration von Rutschungen im Neigungsbereich von größer 6-24 °. Es können sich genügend mächtige Böden bilden, auf denen aufgrund zunehmender Scherspannung bei zunehmender Hangneigung vermehrt die Entstehung von Rutschungen begünstigt wird.

EGG

Die Gebiete mit den kleinsten EGG liegen in Kammnähe, die Gebiete mit den größten EGG liegen nahe der Tiefenlinien. Versucht man aus der räumlichen Verteilung der EGG, die rutschungsanfälligsten Hangbereiche herauszufinden, so weist die hohe relative Häufigkeit für EGG < 20 ha auf ein vermehrtes Auftreten von Rutschungen an Ober- und Mittelhängen. Dies kann durch die Geländebefunde bestätigt werden (vgl. auch Abb.2).

Niederschlag, der in den Oberhang infiltriert fließt innerhalb der Verwitterungsdecke zunächst oberflächenparallel, sobald das Wasser nicht schnell in das Ausgangssubstrat abfließen kann. Das Wasser bewegt sich dabei in den konvexen Hangbereich des Oberhangs hinein. Dort übt der Strömungsdruck stärke Kräfte auf das Bodenmaterial aus, wodurch vermutlich verstärkt Rutschungen ausgelöst werden (Abb. 49).

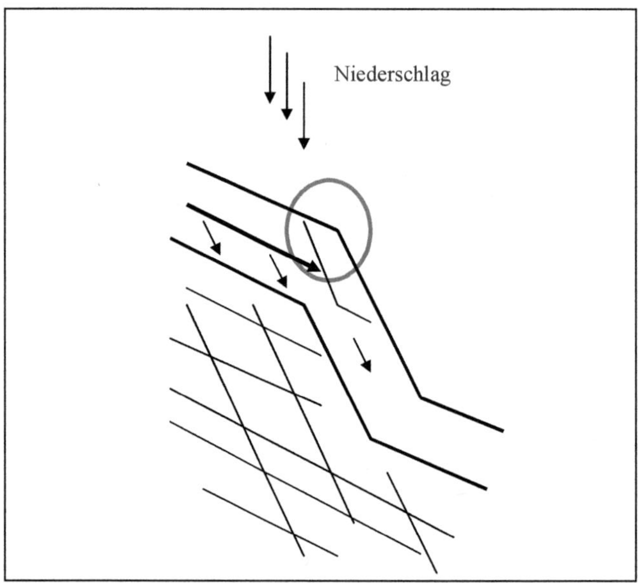

Abb. 49:Schematische Darstellung der Entstehung von Rutschungen im Oberhang aufgrund des Strömungsdrucks des Interflows (roter Kreis)

Landnutzung:

Die als „gestört“ ausgewiesenen Flächen wurden vom Modell als die am stärksten gefährdeten Zonen bewertet. Es handelt sich dabei um ehemals bewaldete oder landwirtschaftlich genutzte Bereiche, in die sich farn- und strauchartige Vegetation angesiedelt hat, welche zum einen ein nur geringmächtiges Wurzelsystem im Boden ausbildet. Dies bewirkt keine große Stabilisierung des Oberbodens. Zum anderen kann die Vegetation aufgrund der niedrigen Wuchshöhe nur eingeschränkt als Wasserspeicher aufgrund von Interzeption dienen. Niederschlag kann somit leicht in den Boden eindringen, ohne dass die Vegetation einen großen Einfluss auf den Bodenwasserhaushalt nimmt.

Hingegen wirkt der Wald als kurzfristiger Wasserspeicher durch Interzeption aufgrund seiner größeren Blattoberfläche. Wegen ihres dichter und tiefer ausgebildeten Wurzelsystems, hat die Vegetation einen größeren Einfluss auf die Festigkeit und Stabilität des Oberbodens. Dies hängt natürlich vom Alter des Bestandes ab. Teile des Untersuchungsgebietes sind aufgrund von Aufforstungsmaßnahmen mit recht jungen Beständen bestockt, für die sich die eben aufgeführten positiven Einflüsse des Bestandes relativieren.

Die landwirtschaftlich genutzten Flächen sind zeitweilig wenig oder gar nicht von Vegetation bedeckt. Das häufige Austrocknung und Durchfeuchtung des Bodens und Bodenerosionsprozesse bewirken vermutlich Verschlämmungsprozesse. Aus diesem Grund kommt es bei einem Starkniederschlag eher zu einem verstärkten Oberflächenabfluss als zu einer Tiefenversickerung des Wassers. Dies wirkt der Entstehung von Rutschungen entgegen.

Auf den Weiden ist die Entstehung von Viehgangeln ein verbreitetes Phänomen. In Untersuchungen zum Abtrag und der Verdichtung durch Viehtritt kam SCHMANKE (1998) zu dem Ergebnis, dass durch den Viehtritt eine Zunahme der Lagerungsdichte sowie eine Abnahme von Porenvolumen und Wasserleitfähigkeit verursacht wird. Es wurde jedoch keine eindeutige verstärkte Rutschungsgefährdung festgestellt. Es ist schwierig abzuschätzen, ob die Gangeln die Entstehung von Rutschungen im Untersuchungsgebiet begünstigen.

7.2.2 Modellansatz

Bei der Ableitung eines regionalen Modells unter Einbezug der relativen Häufigkeiten des Auftretens von Rutschungen aus einem Rutschungsinventar ist die wichtigste Voraussetzung, dass die Klassen der Eingangsparameter gleichmäßig über das Trainingsgebiet verteilt sind. Tritt ein Parameter extrem ungleichmäßig in den Trainingsgebieten auf, so nimmt die Aussagekraft der Werte für die relative Häufigkeit ab.

Hier wird die Problematik des Einbezugs diskreter Parameter deutlich. Die Werte der Parameter Hangneigung und EGG variieren innerhalb der Trainingsgebiete aufgrund ihres kontinuierlichen Charakters stark. Die Verteilung der Klassen des diskret ausgeprägten Faktors „Landnutzung“ innerhalb der Trainingsgebiete ist weniger ausgeglichen.

Zuletzt muss erwähnt werden, dass der auslösende Faktor Niederschlag mit seiner räumlichen Variabilität, z.B. während des Durchzuges von Hurrikan „Georges“, einen indirekten Einfluss auf das Modell nimmt. Die berechneten relativen Häufigkeiten für das Auftreten von Rutschungen in den Trainingsgebieten hängt ursprünglich von der absoluten Anzahl der Rutschungen ab. Diese wird vom auslösenden Faktor Niederschlag, je nach lokaler Niederschlagsintensität itgesteuert.

7.2.3 Zuverlässigkeit der Gefahrenkarten

Das Modell der vorliegenden Arbeit wurde durch die Berechnung der relativen Häufigkeit des Auftretens von Rutschungen in den Gefahrenklassen für das gesamte Untersuchungsgebiet bewertet. Etwa die Hälfte aller kartierten Rutschungen lagen in der Gefahrenklasse „stark gefährdet“. Der größte Anteil der restlichen Rutschungen trat in der Gefahrenklasse „mittel gefährdet“ auf. Dieses Ergebnis gilt auch für das von dem Modell unabhängigen, älteren Rutschungsinventar (Kap.6.4).

Die ausgewiesene Hangrutschungsgefahr korrelierte demnach zu etwa 50% mit der Häufigkeit von Rutschungen in den Trainingsgebieten. Das Modell sagt qualitativ die Gefährdung durch Rutschungen im Untersuchungsgebiet gut voraus.

Die Genauigkeit der Höhendaten ist für Teilbereiche des Untersuchungsgebietes für die beiden DGM unterschiedlich einzuschätzen.

Das TK50-DGM bildet in stark reliefierten Bereichen, wo die Höhenlinien dicht beieinander liegen, die Geländeparameter zuverlässig ab. In flachen Bereichen hingegen kommt es zum Auftreten von Artefakten, welche auf eine eher unzuverlässige Beschreibung des Reliefs hinweisen.

Die Genauigkeit der SRTM-Höhendaten ist aufgrund der Messtechnik als relativ konstant anzusehen. In regelmäßigen Abständen wurden Höhenwerte mit dem Verfahren der Radarinterferometrie aufgenommen, wobei die Höhe der Vegetation Einfluss auf das Messergebnis hat.

Daraus ist zu schließen, dass in stark reliefierten Bereichen die TK50-Gefahrenkarte die Rutschungsgefährdung besser wiedergibt (z.B. Trainingsgebiet 1, Abb. 42). In flachen Bereichen hingegen ist die Vorhersage der Rutschungsanfälligkeit aus der SRTM-Gefahrenkarte zuverlässiger (Trainingsgebiet 3, Abb. 47). In denjenigen Bereichen, wo mittlere Hangneigungswerte vorherrschen, wird die Rutschungsgefährdung von beiden DGM ähnlich gut vorhergesagt (Trainingsgebiet 2, Abb. 44 und 45).

7.2.4 Rutschungsgrößen

Im Untersuchungsgebiet variieren die Rutschungsflächen stark in ihrer Ausdehnung, der Einfluss der Eingangsparameter ist dabei sehr schwierig abzuschätzen.

Die Rutschungen mit der größten Ausdehnung kamen überwiegend im Wald vor, was evtl. darauf zurückzuführen ist, dass der Bestand durch sein Eigengewicht die abrutschende Fläche vergrößert, wenn z. B. die Gleitfläche unterhalb des Wurzelsystems des Bestandes liegt.

Die größten Rutschungen traten im Vergleich zu den kleineren Rutschungen häufiger bei stärker geneigten Hängen und größeren EGG auf, da durch die erhöhte Reliefenergie und der evtl. stärkeren Durchfeuchtung mehr Rutschmasse bewegt werden konnte.

7.3 Verbesserungsansätze

- Der Einbezug einer detaillierten Bodenkarte würde die Erweiterung des Modells mit wichtigen Einflussparametern wie Porenvolumen, Lagerungsdichte etc. ermöglichen.

- Der Einbezug des Faktors „Geologie“ anhand einer detaillierten Geologischen Karte würde vermutlich ebenfalls die Qualität des Modells verbessern.
- Das Modell könnte durch die Aufnahme von geomorphologischen Daten während intensiveren Feldstudien verbessert werden.
- Eine höhere Auflösung des DGM würde die Zuverlässigkeit des Modells verbessern und wahrscheinlich den Einbezug von weiteren reliefabhängigen Faktoren, die die Rutschungsanfälligkeit beeinflussen ermöglichen.
- Eine qualitativ bessere geometrische Genauigkeit der Satellitenbilder, würde die Lagegenauigkeit der Rutschungspolygone des Inventars erhöhen, womit die Korrelation zu der Ausprägung der Eingangsparameter an den abgerutschten Flächen zuverlässiger wäre. Der Wolkenanteil auf den Satellitenbilder zur Erstellung des Rutschungsinventars muss in die Analyse miteinbezogen werden.
- Das Modell könnte ebenfalls durch eine stärkere Variation in der Klassenbreiten bzw. -anzahl der Eingangsparameter verfeinert werden.
- Ebenso würde durch die Erstellung eines Rutschungsinventars aus mehreren kleineren Trainingsgebieten stärker über das Untersuchungsgebiet verteilt, die Zuverlässigkeit des Modells verbessern, da die Variabilität der Einflussfaktoren in den Trainingsgebieten erhöht werden könnte.
- Die Validierung des Modells könnte durch ein auf das gesamte Untersuchungsgebiet ausgedehntes Rutschungsinventar erweitert durchgeführt werden.
- Neben der Verbesserung der Datengrundlage, könnte der ergänzende Einsatz von anderen Verfahren der multivariaten Statistik (z.B. Regressionsanalyse oder Clusteranalyse) eine höhere statistische Absicherung der Ergebnisse bringen.

8 Zusammenfassung und Ausblick (deutsch und spanisch)

Die Dominikanische Republik wird häufig von Starkniederschlägen heimgesucht (z. B. aufgrund von tropischen Wirbelstürmen), welche in großen Teilen der Gebirge Rutschungen hervorrufen. Dadurch wird großflächig Boden degradiert, Stauseen mit besonderer Bedeutung für die Wasserversorgung der Bevölkerung erhalten eine stärkere Sedimentzufuhr und die Lebensräume der dort lebenden Menschen werden bedroht.

In der vorliegenden Studie wurde für das obere Einzugsgebiet des Rio Yaque del Norte die potentielle Gefahr von Hangrutschungsprozessen abgeschätzt. Es wurde eine Gefahrenzonenkarte unter Einbezug der Faktoren Hangneigung, Einzugsgebietsgröße und Landnutzung erstellt, welche anhand von drei Klassen (schwach, mittel, stark) die potentielle Hangrutschungsdisposition beschreibt.

Teile der Datengrundlage stellen zwei DGM dar: Das aus Höhenlinien Topographischer Karten im Maßstab 1:50000 abgeleitete DGM des Institúto Cartográfico Militar (República Dominicana) und das DGM der Shuttle Radar Topography Mission (SRTM). Die Bewertung der Gefahr in qualitativen Stufen wurde von der relativen Häufigkeit des Auftretens von Rutschungen in festgelegten Klassen der Einflussfaktoren für beide DGM abgeleitet. Zuletzt wurden die Daten zur Erstellung der Gefahrenzonenkarte mit Hilfe eines GIS miteinander verschnitten.

Das entwickelte Modell prognostiziert eine starke Gefährdung für Gebiete einer mittleren Hangneigung von > 6-24 ° mit einer EGG von < 20 ha auf ehemalig forst- oder landwirtschaftlich genutzte Flächen, in die sich Farne und Strauchvegetation ausgebreitet haben. Da der wachsende Bevölkerungsdruck im Prinzip einer großräumigen Aufforstung entgegenwirkt, sollte einer nachhaltige Nutzung dieser Flächen sowie eine Teilaufforstung zur Verbesserung der regionalen Wasserkreisläufe oberstes Ziel sein. Als wichtiges Teilziel kann ebenfalls die Pflege und die nachhaltige Bewirtschaftung von schon bestehenden Waldbeständen angesehen werden.

Etwa 47 km² des Untersuchungsgebietes sind vom Modell als stark rutschgefährdet ausgewiesen worden. Diese Fläche stellt einen relativ geringen Anteil von lediglich ca. 5,5% der Gesamtfläche des Untersuchungsgebietes dar. Im Vergleich zu der berechneten bereits abgerutschten Fläche innerhalb der Trainingsgebiete, beträgt diese jedoch etwa das 100-fache. D.h., wenn nur ein Teil dieser Fläche durch Rutschungen betroffen sein würde, so würden erhebliche Mengen an wertvollem Boden irreversibel degradiert.

Die stark gefährdeten Zonen konnten mit 705 von dem Modell unabhängigen Rutschungen zu 50 % als richtig klassifiziert vorhergesagt werden. Ebenfalls wurde im Rahmen der Validierung für einen großen Anteil der Rutschungen eine mittlere Gefährdungsstärke berechnet. Das Modell sagt qualitativ die Gefährdung durch Rutschungen im Untersuchungsgebiet gut voraus.

In stark reliefierten Bereichen gibt die TK50-Gefahrenkarte die Rutschungsgefährdung besser wieder. In flachen Bereichen hingegen ist die Vorhersage der Rutschungsanfälligkeit aus der SRTM-Gefahrenkarte zuverlässiger. In Bereichen, wo mittlere Hangneigungswerte vorherrschen, wird die Rutschungsgefährdung von beiden DGM ähnlich gut vorhergesagt.

Zahlreiche globale Klimamodelle prognostizieren für die Zukunft einen weiteren Anstieg der globalen Mitteltemperatur, das Abschmelzen der Gletscher, den Anstieg des Meeresspiegels sowie die Änderung der räumlichen Verteilung der Niederschläge. Die Niederschlagsveränderung wird nach Modellbefunden regional äußerst unterschiedlich ausfallen, wobei ein Verstärkungseffekt für die Tropen und die höheren Breiten vorhergesagt wird (HUPFER & GRASSL & LOZÁN 1998).

Sicher ist, dass die ständig wachsende Vulnerabilität der Menschheit sowie die Zunahme von extremen Wetterereignissen in Häufung und Stärke, die fortwährende Verbesserung und die Weiter- bzw. Neuentwicklung von Methoden zur qualitativen und quantitativen Bewertung von Naturgefahren erfordert.

Neben den deterministischen und statistischen Verfahren können mittlerweile auch künstliche Neuronale Netze zur automatischen Gefahrenerkennung genutzt werden. Vereinfacht bestehen künstliche Neuronale Netze aus hochvernetzten einfachen Recheneinheiten (Neuronen), die durch eine gezielte Optimierung der gewichteten Verbindungen zwischen den Einheiten „erlernen“, Klassifikationsaufgaben zu lösen (z.B. stabile und instabile Geländebereiche). Der Vorteil dieser begründet sich in ihrer Fähigkeit, einerseits nicht lineare Zusammenhänge gut darstellen zu können und andererseits mit Modell- und Parameterunsicherheiten gut umgehen zu können (FERNÁNDEZ-STEEGER & CZURDA 2001).

Bewegungen der Erdoberfläche sind mittlerweile ebenfalls durch das Verfahren der Repeat-Pass-Interferometrie, also durch die Überlagerung von Phaseninformationen mehrerer Aufnahmen, hervorragend zu erfassen. Die interferometrischen Radardaten dienen als Grundlage für Modellrechnung und zur zukünftigen Schadensprävention (LANG 2001).

Resumen en español

"Estimación de riesgos naturales en la cuenca alta del Río Yaque del Norte, República Dominicana, mediante el uso de sistemas de información geográfico (SIG) y de sensores remotos"

En la República Dominicana aparecen frecuentemente ciclones tropicales (huracanes), los cuales a su paso ocasionan precipitaciones de gran intensidad. En las zonas montañosas deforestadas las precipitaciones causan deslizamientos de terreno, originando ésto que grandes masas de suelo sean degradadas, asimismo se ven afectados por la depositación de sedimentos, pantanales y embalses de gran relevancia para el abastecimiento de agua, además, áreas residenciales se ven enfrentadas a considerables peligros (derrumbes).

Con la utilización de un SIG y las informaciones proporcionadas por sensores remotos se ha podido elaborar un mapa de zonas amenazadas por la aparición de derrumbes o deslizamientos de terreno, definiendo para este efecto tres grados de riesgo: bajo, medio y alto. Todo esto para la cuenca alta del Río Yaque del Norte, a partir de la consideración de los factores inclinación, extensión de la cuenca y uso del suelo. La estimación del grado de riesgo, es dependiente de la frecuencia relativa de la presencia de deslizamientos de terreno, para cada uno factores en las clases predefinidas.

El modelo generado pronostica un riesgo alto, en zonas en donde los tres factores mencionados se combinan. Zonas con una inclinación entre 6-24°, una extensión de la cuenca <20 hectáreas y que además están cubiertas por helechos y/o matorrales. Un objetivo prioritario y de alta importancia es la explotación sustentable de estas áreas.

Al rededor de 47 km² de la región investigada están dentro de la zona catalogada como de alto riesgo. Es decir, que de presentarse deslizamientos de terreno (derrumbes), en esta área específica, traería consigo que grandes masas de suelo sean degradadas irreversiblemente.

Las zonas más amenazadas, en donde se identifica el más alto riesgo, se han podido ratificar con la presencia del 50 % de los derrumbes inventariados en terreno, siendo éstos un total de 705 derrumbes independientemente inventariados del modelo generado.

Hayándose en la clase definida como de riesgo medio, más del 30 % de los derrumbes inventariados en terreno, hace que el modelo generado para la definición de zonas de riesgo, sea en su dimención validado.

El mapa de zonas de riesgo es una base para la planificación de medidas preventivas y de protección de la naturaleza, por ejemplo la actividad de reforestación y otras formas sustentables del uso del suelo.

Literaturverzeichnis und Internetquellen

AHNERT, F. (1996): Einführung in die Geomorphologie. S.120-131. Ulmer Verlag, Stuttgart.

AUMANN, G. (1994): Aufbau qualitativ hochwertiger digitaler Geländemodelle aus Höhenlinien. Deutsche Geodätische Kommision. Verlag der Bayerischen Akademie der Wissenschaften, München.

BARSCH, D. & DIKAU, R. (1989): Entwicklung einer digitalen geomorphologischen Basiskarte. In: Geo-Informations-Systeme, Heft 3, S.12-18.

BERZ, G. (2002): Naturkatastrophen im 21. Jahrhundert. In: Geographische Rundschau, Jg. 54, Heft 1, S.4-8; Westermann Verlag, Braunschweig.

BLUME, H. (1968): Die Westindischen Inseln. S.24-36; Westermann Verlag. Braunschweig.

BOLAY, E. (1997): The Dominican Republic. A country between rain forest and desert. Margraf Verlag, Weikersheim.

BRÖTJE, A. (2003): Freundliche schriftliche Mitteilung.

BURROUGH, P.A. (1996): Spatial data quality and error analysis issues: GIS function and environmental modeling. In: GOODCHILD et al. (1996): GIS and environmental modeling: Progress and research issues. S.29-34; GIS World Books, USA.

BROWN, W. & CRUDEN, D. & DENISON, J. (1991): The directory of the world landslide inventory. U.S. Department of the Interior & U.S. Geological Survey.

CAINE, N. (1980): The rainfall intensity – duration control of shallow landslides and debris flows. In: Geografiska Annaler; Bd.62, SerieA, S.23-27. Swedish Society for Anthropology and Geography, Stockholm.

CARRARA, A. (1983): Multivariate models for landslide hazard evaluation. In: Mathematical Geology, Bd.15, Heft3; S.403-426, New York.

CARRARA, A. (1995): GIS-based techniques for mapping landslide hazard. URL: http://deis158.deis.unibo.it/ (08.09.2003)

CLERICI, A. (2002): A procedure for landslide suspectibility zonation by the conditional analysis method. In: Geomorphology, Bd.48, S.349-364. Elsevier Science B.V., Orlando.

CONRAD, O. (1998): Ableitung hydrologisch relevanter Reliefparameter aus einem Digitalen Geländemodell (am Beispiel des Einzugsgebietes Linnengrund/ Kaufunger Wald). Diplomarbeit am Institut für Geographie der Universität Göttingen.

CROZIER, M.J. (1987): Landslides - Causes, consequences and environment. Rotledge, London.

CUTTER, S. (2001): American hazardscapes: The regionalisation of hazards and disasters. Joseph Henry Press, Washington.

DAMM, B. (1999): Rutschungen im Fulda- und Oberwesertal (Nordhessen/ Südniedersachsen) – Ursachen, Auslöser und zeitliche Häufung. In: Naturkatastrophen in Mittelgebirgsregionen. Proceedings zum Symposium 1999 in Karlsruhe, herausgegeben von Fiedler, F. & Nestmann, F. & Kohler, M.; Akademische Abhandlungen zu den Geowissenschaften, VWF, Berlin.

DIKAU, R. & BRUNDSEN, D. & SCHROTT, L. & IBSEN, M.L. (1996): Landslide recognition. Identification, movement and causes. Wiley Verlag, Chichester.

ELSNER, J.B. & KARA, A.B. (1999): Hurricanes of the North Atlantic. Climate and society. Oxford University Press, Oxford, New York.

ESRI:
URL: http://support.esri.com (12.07.2003)

FAO (Food and Agriculture Organisation):
URL: http://www.fao.org/ag/agl/swlwpnr/x_cm/domrepub/drhome.htm (04.04.2003)

FAOSTAT (FAOSTAT Statistical Databases):
URL: http://apps.fao.org/default.htm (23.04.2003)

FERNÁNDEZ-STEEGER, T.M. & CZURDA, K. (2001): Erkennung von Rutschungsgebieten mit Neuronalen Netzen. Ergebnisse aus dem Graduiertenkolleg „Naturkatastrophen", S.226-233.
URL: http://www.dkkv.org/forum2001/Datei32.pdf (17.09.2003)

FREEMAN, T.G. (1991): Calculating catchment area with divergent flow based on a regular grid. Computer and Geoscience. Bd. 17, Nr. 3; S. 413-422.

GOODCHILD, M.F. (1996): The spatial data infrastructure of invironmental modeling. In: GOODCHILD et al. (1996): GIS and environmental modeling: Progress and research issues. S.11-15; GIS World Books, USA.

GYASI-AGYEI, Y. (1994): Geomorphologic investigations for catchment hydrologic response modelling using a digital elevation model. Nr.25 of the series "V.U.B. – Hydrologie", Laboratory of Hydrology and the Center for Statisics and Operational Research, Vrije Universiteit Brussel, Brüssel.

GLOBAL ENVIRONMENT OUTLOOK (GEO 2002, 2003): Produced by the United Nations Environment Programme (UNEP), Division of Early Warning and Assessment, Nairobi, Kenya:
URL:http://www-cger.nies.go.jp/geo/geo3/pdfs/Chapter2Land.pdf (21.01.2003)
URL:http://www-cger.nies.go.jp/geo/geo3/pdfs/Chapter3vulnerability.pdf (21.01.2003)

GOUDIE, A. (1998): Geomorphologie. Ein Methodenhandbuch für Studium und Praxis. Springer, Berlin.

GRUNDER, M. (1984): Ein Beitrag zur Beurteilung von Naturgefahren im Hinblick auf die Erstellung von mittelmaßstäbigen Gefahrenhinweiskarten. Geographica Bernernsia G 23, Bern.

GTZ (2001): Katastrophenvorsorge: Arbeitskonzept. Deutsche Gesellschaft für technische Zusammenarbeit. Eschborn.

GWB & GFA-AGRAR (1998): Estudio de Factibilidad de la cuenca del Rio Yaque del Norte, República Dominicana.

HANSEN, A. (1984): Landslide hazard analysis. In: BRUNSDEN, S. & PRIOR, D.B.: Slope instability. John Wiley & Sons, New York.

HORST, O.H. (1992): Climate and the "Encounter" in the Dominican Republic. In: Journal of Geography, Vol.91, No.5; S.205-210.

HUPFER, P., GRAßL, H. & LOZÁN, J. L. (1998): Warnsignal Klima: Wissenschaftliche Fakten, Hamburg.

IRIGARAY, C., FERNÁNDEZ, T. & CHACÓN, J. (1996): Inventory and analysis of determining factors by a GIS in the nothern edge of the Granada Basin (Spain). In: Landslides. Glissements de terrain. Proceedings of the seventh international symposium on landslides (Vol.3), S.1915-1921. A.A.Balkem, Rotterdam.

INTERGOVERNMENTAL PANEL ON CLIMATE CHANGE (2002): Third Assessment Report (IPCC); Cambridge 2001.

JÄGER, S. (1997): Fallstudien zur Bewertung von Massenbewegungen als geomorphologische Naturgefahr. Selbstverlag des Geographischen Instituts der Universität Heidelberg.

KAPPAS, M. (1999): Klimaökologische Aspekte eines Bergwaldgebietes in der Dominikanischen Republik. In: Geographische Rundschau; Heft 9/1999, S.462-468; Westermann Verlag, Braunschweig.

KIENHOLZ, H. (1977): Kombinierte geomorphologische Gefahrenkarte 1:10000 von Grindelwald. Geographia Bernernsia, G 4, Bern.

KIENHOLZ, H. (1993): Naturgefahren-Gefahrenkarten. Arbeitsmaterialien Wissenschaftlicher Beirat der DFG für das IDNDR-Nationalkomitee, Bonn.

KRAUTER, E. (1996): Phänomenologie natürlicher Böschungen (Hänge) und ihrer Massenbewegungen. In: Grundbau Taschenbuch. Teil 1, S. 549-600. Herausgeber: Ulrich Smotczyk, Ernst&Sohn Verlag.

LANG, O. (2001): Einsatz interferometrischer Radarfernerkundung zur Erfassung von Naturkatastrophen. In: Petermanns Geographische Mitteilungen. Heft 6/2001. S.28-35; Klett-Perthes Verlag, Gotha.

LAUER, W. (1995): Klimatologie. S. 122-137; Das Geographische Seminar. Westermann Verlag. Braunschweig.

LESER, H. (1998): Allgemeine Geographie. Gemeinschaftsausgabe Deutscher Taschenbuchverlag, München & Westermann Schulbuchverlag, Braunschweig.

LONGSHORE, D. (1998): Encyclopedia of hurricanes, typhoons und cyclones. Facts On File, Inc., New York.

MAY, T. (1997): Bergwälder in der Dominikanischen Republik. In: Geographische Rundschau; Heft 11/1997, S.662-667; Westermann Verlag, Braunschweig.

MAY, T. (2003): Freundliche mündliche Mitteilung.

MONTGOMERY, D.R. & DIETRICH, W.E. (1989): A physically based model for the topographic control on shallow landsliding, Water Resource Research. Bd.30, Heft 4, S.1153-1171.

MOORE, I.D. & GRAYSON, R.B. & LADSON, A.R. (1994): Digital terrain modelling: A review of hydrological, geomorphological and biological applications. In: BEVEN, K.J. & MOORE, I.D.: Terrain analysis and distributed modelling in hydrology, S. 1-23. Wiley Verlag.

MORGENROTH, Silvia (1999): Sozioökonomische Rahmenbedingungen und Landnutzung als Bestimmungsfaktoren der Bodenerosion in Entwicklungsländern. Dissertation am Institut für Wirtschafts- und Sozialwissenschaften des Landbaus der Humboldt-Universität zu Berlin.

MORGAN, R.P.C. (1999): Bodenerosion und Bodenerhaltung. ENKE im Georg Thieme Verlag. Stuttgart.

MULTILINGUAL LANDSLIDE GLOSSARY (1993): The International Geotechnical Societies´ UNESCO Working Party for World Landslide Inventory. The Canadian Geotechnical Society, BiTech Publishers Ltd.

NATIONAL HURRICANE CENTER:
URL: http://www.nhc.noaa.gov/1998georges.html (12.04.2003)

NILSEN, T.H. (1979): Relative slope stability and land-use planning in the San Francisco Bay Region, California. U.S. Geological Survey professional paper, 944. Washington.

PACK, R.T. & TARBOTON D.G. & GOODWIN C. N. (1998): The SINMAP Approach to Terrain Stability Mapping. Paper Submitted to 8th Congress of the International Association of Engineering Geology, Vancouver, British Columbia, Canada 21-25 September 1998:
URL: http://www.crwr.utexas.edu/gis/gishydro99/uwrl/sinmap.htm (01.08.2003)

PIELKE, R. Jr. & PIELKE, R. Sr. (1997): Hurricanes. Their nature and impacts on society. John Wiley&Sons, New York.
PLATE, E.J. & MERZ, B. (2001): Naturkatastrophen: Ursachen, Auswirkungen, Vorsorge. Schweizerbart, Stuttgart.

POHL, J. & GEIPEL, R. (2002): Naturgefahren und Naturrisiken. In: Geographische Rundschau; Jg.54, Heft1, S.4-8; Westermann Verlag, Braunschweig.

PRESS, F. & SIEVER, R. (1995): Allgemeine Geologie. S. 226, Spektrum Akademischer Verlag, Heidelberg.

QUEZADA, C. & PÉREZ, G. (1999): El huracán Georges en la República Dominicana. Effectos y lecciones aprendidas:
URL: http://165.158.1.110/spanish/ped/gm-repdom.pdf (12.04.2003)

RICHTER, G. (1998): Bodenerosion – Analyse und Bilanz eines Umweltproblems. Wissenschaftliche Buchgesellschaft, Darmstadt.

RICKLI, C. (2001): Vegetationswirkungen und Rutschungen. Eidgenössische Forschungsanstalt WSL, Birmensdorf.

SCHMANKE, V. (1999): Untersuchungen zur Hanggefährdung im Bonner Raum – Eine Bewertung mit Hilfe unterschiedlicher Modellansätze. Mainzer Geographische Studien.

SCHULTZ, J. (1988): Die Ökozonen der Erde. Ulmer Verlag, Stuttgart.

SCILANDS GMBH:
URL: http://www.scilands.de (29.07.2003)

SIMPSON, R.H. & RIEHL, H. (1981): The hurricane and its impact. Luisiana State Press.

SKIDMORE, A. (2002): Environmental modelling with GIS and remote sensing. Taylor&Francis, London, New York.

STATISTISCHES BUNDESAMT DEUTSCHLAND:
URL: http://www.destatis.de/basis/d/ausl/ausl209.htm (06.01.2003)

SUÁREZ, J. (1996): Erosion induced landslide in tropical environments. In: Landslides. Glissements de terrain. Proceedings of the seventh international symposium on landslides (Vol.3) S.1115-1119. A.A.Balkem, Rotterdam.

SYMANDER, W. (1998): Bodenerosion und Gewässerbeschaffenheit. In: RICHTER, G. : Bodenerosion – Analyse und Bilanz eines Umweltproblems. S.51-60; Wissenschaftliche Buchgesellschaft, Darmstadt.

TAN, B.K. (1996): Geologic factors to landslides – Some case studies in Malaysia. In: Landslides. Glissements de terrain. Proceedings of the seventh international symposium on landslides (Vol. 3), S. 1121-1123. A.A.Balkem, Rotterdam.

THIEKEN, A. (1999): GIS-Einsatz im landschaftsökologischen Management – Unsicherheiten bei der Bewertung von Daten. In: BLASCHKE, T.: Umweltmonitoring und Umweltmodellierung – GIS und Fernerkundung als Werkzeuge einer nachhaltigen Entwicklung. Wichmann Verlag, Heidelberg.

THEIN, S. (1998): GIS-gestützte Ausweisung rutschungsgefährdeter Gebiete. In: STANDORT - Zeitschrift für Angewandte Geographie, Heft 1/1998; Springer-Verlag, Berlin, Heidelberg.

TOUTIN, T. & CHENG, P. (2000): Demystification of IKONOS. In: Earth Observation Magazine:
URL: http://www.eomonline.com/Common/Archives/July00/toutin.htm (13.07.2003)

UNITED STATES GEOLOGICAL SURVEY (USGS):
URL:http://srtm.usgs.gov (20.08.2003)
URL:ftp://edcsgs9.cr.usgs.gov/pub/data/srtm/ (20.08.2003)

UNITED NATIONS (1992): IDNDR, Internationaly agreed glossary of Basic Terms related to Disaster Management. In: EIKENBERG, C., Journalisten-Handbuch zum Katastrophenmanagement 2000, Bonn.

ULBERT, V. (1999): Partizipative Gender-Forschung: Umweltprobleme und Strategien der Ressourcennutzung in der Dominikanischen Republik. Verlag für Entwicklungspolitik, Saarbrücken.

VAN BEEK, R. (2002): Assessment of the influence of changes in land use and climate on landslide activity in a mediterranean environment. Nederlandse Geografische Studies 294, Utrecht.

VAN WESTEN (1997): Prediction of the occurence of slope instability phenomena through GIS-based hazard zonation. In: Geologische Rundschau 86, S.404-414.

VICIOSO, F. (2002): Situación de los recursos hídricos en la cuenca del Río Yaque del Norte.

WASOWSKI, J. & SINGHROY, V. (2003): Special issue from the symposium on Remote Sensing and monitoring of landslides. In: Engineering Geology. Vol. 68, Heft 1-2. Elsevier Science B.V., Orlando.

WEISCHET, W. (1996): Regionale Klimatologie. Teil 1: Die neue Welt; Amerika, Neuseeland, Australien. S.242-267. Teubner Verlag. Stuttgart.

WEISE, S. (1991): Dominikanische Republik. Mundo Verlag.

WEYL, R. (1966): Geologie der Antillen. Beiträge zur regionalen Geologie der Erde, Bd. 4; Gebrüder Borntraeger Verlag, Berlin.

WU, W. & SIDLE R.C. (1995): A distributed slope stability model for step forested watersheds. Water Resources Research, Bd. 31, Heft 8, S.2097-2110.

ZEVENBERGEN, L.W. & THORNE, C.R. (1986): Quantitative analysis of land surface topography. In: Earth Surface processes and landforms. Bd. 12 , S. 47-56.

Anhang

Rutschungsprotokoll 1/ La Sal								
Rutschungsnummer:	1							
Bodenproben:	1 (Abriss); 2 (unten)							
Aufnahmedatum:	10.03.2003							
Wetter:	sonnig							
UTM-Koordinaten GPS:	19Q 0334272/ UTM 2108851							
Hangneigung:	55 %; 29°							
Exposition:	Süd							
Abriss:	1,5 m							
Breite:	5 m							
Länge:	20 m							
Art der Rutschbewegung:	Translationsrutschung							
Korngrößenanalyse Probe 1 in %	gS 40,16	mS 23,65	fS 9,57	gU 8,34	mU 6,96	fU 4,76	Ton 6,56	Skelett 29,19	Bodenart Sl2
Korngrößenanalyse Probe 2 in %	gS 31,85	mS 19,76	fS 10,56	gU 8,94	mU 10,51	fU 7,93	Ton 10,45	Skelett 19,90	Bodenart Sl3
Vegetation:	Strauchvegetation um Rutschung							
Nutzung:	Weideland							
Bemerkungen:	In Rutschung lineare Erosion/Rillenerosion, Boden sehr ausgetrocknet, unterhalb Rutschung Viehtritt. Unterhalb des Weges Abriss, weitere Rutschung stark bewachsen.							

Fotos:

Rutschungsprotokoll 2/ La Sal

Rutschungsnummer:	2
Bodenproben:	3 (Abriss); 4 (unten)
Aufnahmedatum:	10.03.2003
Wetter:	sonnig
UTM-Koordinaten GPS:	19Q 0334473/ UTM 2108587
Hangneigung:	45 %; 24,5°
Exposition:	Nord
Abriss:	2,5 m
Breite:	15 m
Länge:	20 m
Art der Rutschbewegung:	Translationsrutschung

Korngrößenanalyse	gS	mS	fS	gU	mU	fU	Ton	Skelett	Bodenart
Probe 3 in %	7,01	7,05	7,64	20,99	31,77	12,07	13,46	14,58	Uls
Korngrößenanalyse	gS	mS	fS	gU	mU	fU	Ton	Skelett	Bodenart
Probe 4 in %	1,98	6,22	6,82	32,69	27,25	14,10	10,92	1,90	Ut2

Vegetation:	Höhere Baum/Strauchvegetation um teilweise in Rutschung; Palo de Toros.
Nutzung:	Agroforst
Bemerkungen:	Boden feucht; lineare Erosion innerhalb Rutschungsfläche.

Fotos:

Rutschungsprotokoll 3/ La Sal								
Rutschungsnummer:	3							
Bodenproben:	5 (Abriss); 6 (unten); 7 (zwischen Rutschung 2 und 3)							
Aufnahmedatum:	10.03.2003							
Wetter:	sonnig							
UTM-Koordinaten GPS:	19Q 0334486/ UTM 2108597							
Hangneigung:	40 %, 22°							
Exposition:	Nord							
Abriss:	1 m							
Breite:	3 m							
Länge:	10 m							
Art der Rutschbewegung:	Translationsrutschung							

Korngrößenanalyse	gS	mS	fS	gU	mU	fU	Ton	Skelett	Bodenart
Probe 5 in %	1,09	8,57	19,66	21,71	21,52	10,07	17,38	0,63	Lu
Korngrößenanalyse	gS	mS	fS	gU	mU	fU	Ton	Skelett	Bodenart
Probe 6 in %	11,27	14,70	12,97	20,08	23,52	9,52	7,95	2,04	Us
Korngrößenanalyse	gS	mS	fS	gU	mU	fU	Ton	Skelett	Bodenart
Probe 7 in %	1,78	5,24	5,63	18,82	20,39	14,53	33,61	27,26	Tu3

Vegetation:	Um Rutschung Farne und Sträucher, kleine Bäume, Wurzeln sehr tief
Nutzung:	Agroforst
Bemerkungen:	Fläche zwischen Rutschung 2 und 3 völlig zugewachsen

Fotos:

Rutschungsprotokoll 4/ La Sal									
Rutschungsnummer:	4								
Bodenproben:	8 (Abriss links); 9 (Abriss rechts); 10 (Mitte)								
Aufnahmedatum:	10.03.2003								
Wetter:	sonnig								
UTM-Koordinaten GPS:	19Q 0334144/ UTM 2109132								
Hangneigung:	40 ; 22°								
Exposition:	Süd								
Abriss:	1-5 m, unregelmäßig								
Breite:	30 m								
Länge:	70 m								
Art der Rutschbewegung:	Translationsrutschung								
Korngrößenanalyse Probe 8 in %	gS 24,60	mS 31,09	fS 15,15	gU 11,77	mU 8,18	fU 3,50	Ton 5,70	Skelett 3,56	Bodenart Sl2
Korngrößenanalyse Probe 9 in %	gS 23,24	mS 31,74	fS 16,13	gU 9,09	mU 8,46	fU 3,99	Ton 7,35	Skelett 3,07	Bodenart Sl2
Korngrößenanalyse Probe 10 in %	gS 17,28	mS 42,66	fS 16,96	gU 11,20	mU 5,68	fU 2,73	Ton 3,47	Skelett 0,27	Bodenart Su2
Vegetation:	seitlich an Rutschung Farne und kleine Bäume, Rutschung bewachsen mit Gras und Farn, teilweise blank								
Nutzung:	Weideland								
Bemerkungen:	Grabenerosion, Skizze im Handbuch, weitere Rutschung ca. 20 m neben dieser Rutschung								

Fotos:

Rutschungsprotokoll 5/ La Sal

Rutschungsnummer:	5
Bodenproben:	11(Abriss); 12(unten)
Aufnahmedatum:	14.03.2003
Wetter:	sonnig
UTM-Koordinaten GPS:	19Q 0332872/ UTM 2109680
Hangneigung:	45 %; 24,5 °
Exposition:	Ost
Abriss:	1
Breite:	10 m
Länge:	15 m
Art der Rutschbewegung:	Translationsrutschung

Korngrößenanalyse	gS	mS	fS	gU	mU	fU	Ton	Skelett	Bodenart
Probe 11 in %	4,52	12,21	11,04	6,39	11,84	12,36	41,63	7,53	Lt3
Korngrößenanalyse	gS	mS	fS	gU	mU	fU	Ton	Skelett	Bodenart
Probe 12 in %	10,01	16,57	13,09	12,20	12,62	8,98	26,53	1,56	Lt2

Vegetation:	In Rutschung einige Plaggen, die evtl. nachgerutscht sind, kleine Sträucher
Nutzung:	Weideland
Bemerkungen:	Abstieg mit Anke zum Rio Jimenoa

Fotos:

Rutschungsprotokoll 6/ La Sal

Rutschungsnummer:	6
Bodenproben:	13(Abriss); 14(unten)
Aufnahmedatum:	14.03.2003
Wetter:	sonnig
UTM-Koordinaten GPS:	19Q 0333004/ UTM 2109515
Hangneigung:	55 %; 29°
Exposition:	West
Abriss:	1
Breite:	5 m
Länge:	rechts 7m, links 12m
Art der Rutschbewegung:	Translationsrutschung

Korngrößenanalyse	gS	mS	fS	gU	mU	fU	Ton	Skelett	Bodenart
Probe 13 in %	12,50	25,71	15,28	11,32	10,93	6,56	17,70	1,96	Ls4
Korngrößenanalyse	gS	mS	fS	gU	mU	fU	Ton	Skelett	Bodenart
Probe 14 in %	15,26	42,55	18,63	9,89	5,69	3,02	4,96	0,94	Su2

Vegetation:	Farnbedeckt
Nutzung:	Weideland
Bemerkungen:	Nierenförmig, Abstieg mit Anke zum Rio Jimenoa, Oberhang

Fotos:

Rutschungsprotokoll 7/ La Sal

Rutschungsnummer:	7
Bodenproben:	15 (Abriss); 16 (Abriss Mitte seitlich); 17 (unten)
Aufnahmedatum:	14.03.2003
Wetter:	sonnig
UTM-Koordinaten GPS:	19Q 0332978/ UTM 2109291
Hangneigung:	45 %, 24,5°
Exposition:	-
Abriss:	2,5 m
Breite:	oben ca. 15m breit, nach unten auf ca. 5 m zusammenlaufend
Länge:	ca. 70 m
Art der Rutschbewegung:	Translationsrutschung

Korngrößenanalyse	gS	mS	fS	gU	mU	fU	Ton	Skelett	Bodenart
Probe 15 in %	14,21	23,15	15,06	12,54	8,75	5,01	21,27	1,13	Ls4
Probe 16 in %	18,53	26,91	17,52	10,43	6,43	6,27	7,95	10,66	Sl4
Probe 17 in %	18,35	29,35	16,76	11,61	7,67	3,73	12,52	1,18	Sl4

Vegetation:	Oberer Teil völlig zugewachsen mit Gebüsch, in Mitte abgelagerte Schollen mit Gras bewachsen
Nutzung:	Weideland
Bemerkungen:	Sehr komplex, ab Mitte Grabenerosion

Fotos:

Rutschungsprotokoll 8 / La Ciénaga	
Rutschungsnummer:	8
Bodenproben:	18(Abriss)
Aufnahmedatum:	17.03.2003
Wetter:	sonnig
UTM-Koordinaten GPS:	19Q 0305038/ UTM 2108688
Hangneigung:	80 %; 39°
Exposition:	Nordwest
Abriss:	-
Breite:	15 m
Länge:	80 m
Art der Rutschbewegung:	Translationsrutschung

Korngrößenanalyse	gS	mS	fS	gU	mU	fU	Ton	Skelett	Bodenart
Probe 18 in %	22,83	16,52	9,54	10,58	14,27	12,32	13,94	22,97	Sl4

Vegetation:	Teils niedrige Strauchvegetation in Rutschung
Nutzung:	Agrar
Bemerkungen:	Oberhalb Rutschung Wasserleitung zur Bewässerung, unterhalb Tayotafeld, zwei ca. gleich große Rutschungen nebeneinander, rechte beprobt; Grabenerosion. Am Hangfuß fließt Vorfluter

Fotos:

Abb. 50: Rutschungen in Landnutzungsklasse „Wald“ (Foto: Anke Brötje)

Abb. 51: Rutschungen in Landnutzungsklasse „Gestörte Flächen“ (Foto: Lars Gleitsmann)

Abb. 52: Brandflächen südlich von Casabito (Foto: Lars Gleitsmann)

Abb. 53: Rutschungen in Landnutzungsklasse „Landwirtschaft“

Abb. 54: Rutschung in Landnutzungsklasse „Landwirtschaft“

Abb. 55: Rutschungen im Valle Rio Jimenoa bei Paso Bajito (Foto: Anke Brötje)

Abb. 56: Rutschungen im Valle Rio Jimenoa bei La Sal (Foto: Anke Brötje)

Abb. 57: Rio Jimenoa bei La Sal, die Brücke wurde durch den Hurrikan Georges zerstört

Abb. 58: La Ciénaga am Rio Yaque del Norte, im Hintergrund der Nationalpark Armando Bermudez

Abb. 59: Jarabacoa (Foto: Anke Brötje)

Abb. 60: Der Stausee Taveras, der das Untersuchungsgebiet nördlich begrenzt (Foto: Anke Brötje)

Abb. 61: Stausee Taveras mit Staumauer

***ibidem*-Verlag**
Melchiorstr. 15
D-70439 Stuttgart

info@ibidem-verlag.de

www.ibidem-verlag.de
www.edition-noema.de
www.autorenbetreuung.de